[美]贾森·沃德(Jason Ward)

[美]理查德·沃尔夫里克·加兰(Richard Wolfrik Galland) 著

涂泓 译

冯承天 译校

上海科技教育出版社

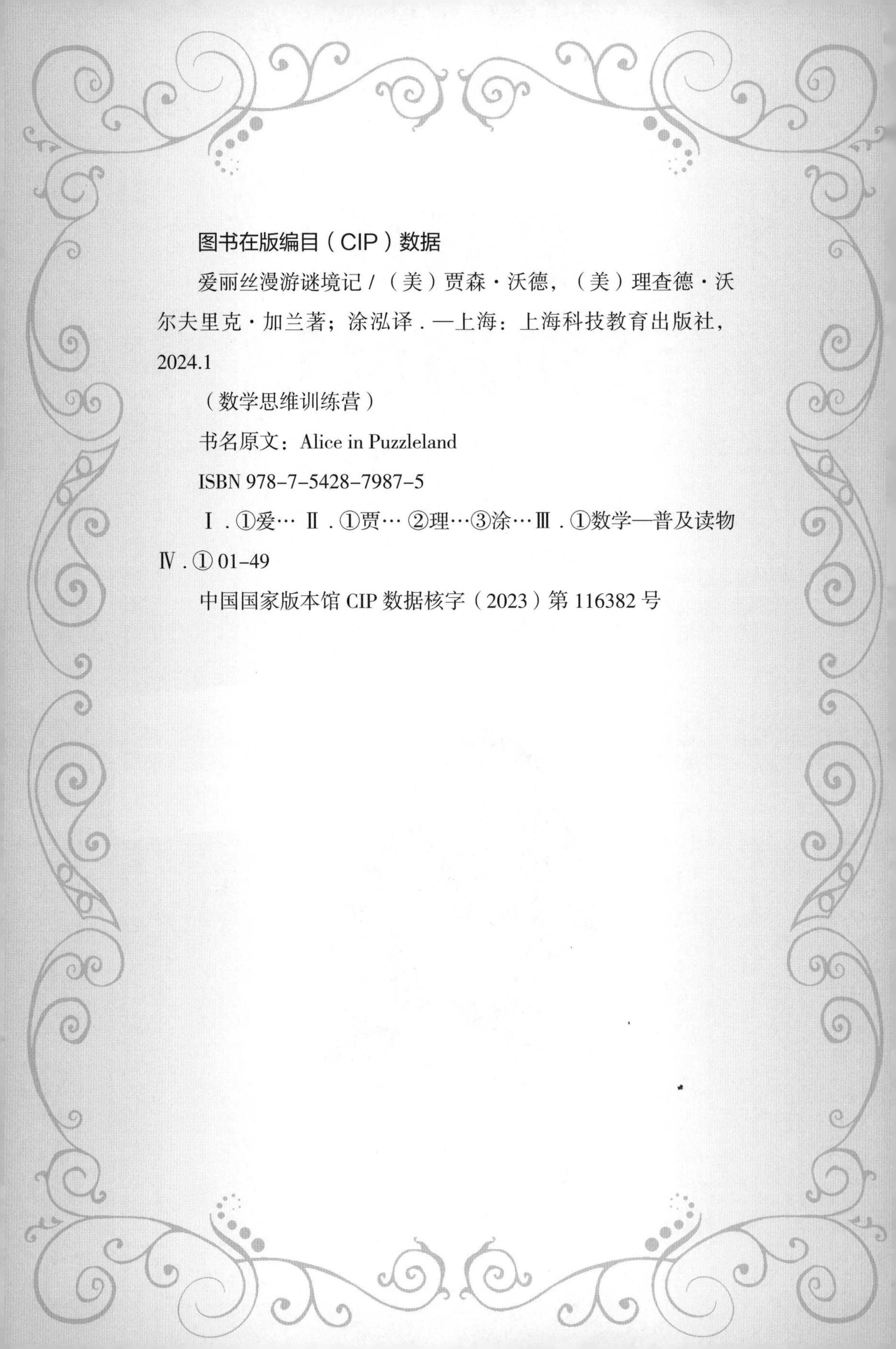

图书在版编目（CIP）数据

爱丽丝漫游谜境记 /（美）贾森·沃德，（美）理查德·沃尔夫里克·加兰著；涂泓译．—上海：上海科技教育出版社，2024.1

（数学思维训练营）

书名原文：Alice in Puzzleland

ISBN 978-7-5428-7987-5

Ⅰ．①爱… Ⅱ．①贾… ②理…③涂…Ⅲ．①数学—普及读物 Ⅳ．① 01-49

中国国家版本馆 CIP 数据核字（2023）第 116382 号

我由衷地感谢希尔顿家的姑娘们——米兰（Milan）、莎拉（Sarah）和利萨（Lisa），还有克里斯（Chris）。我还要向苏西·瓦莱莱（Susie Vaalele）和尼克·瓦莱莱（Nik Vaalele）表达我的无限感激之情，感谢他们在我编写本书时给予我的帮助和款待。

理查德·沃尔夫里克·加兰

首先，我始终感谢 Ein Helyg and 1 Derwendeg 的前居民们。你们制住了那只可怕的乌鸦，不让它靠近。我要极力感谢汉娜（Hannah）听了多如牛毛的双关语，以及达尼（Dani）多年来对我有益的首肯，这些对于完成本书极有帮助。请继续下去，这些都是我极其需要的。

贾森·沃德

引言

“从起头的地方开始，”国王非常严肃地说，“一直读到末尾，然后停止。”

红桃国王给白兔的这条建议，对于生活中的大多数努力，从在馅饼盗窃案中提供证据到修理一架风车，都是非常有用的，但在解答谜题中就没那么有用了。你可以从起头的地方开始，这很好，但是然后你要怎么做？通常情况下，最令人满意的那些题目，它们的解答不是通过迎面直击找到的，而是完全来自另一个方向。

也许没有人比牛津大学的数学讲师查尔斯·路特维奇·道奇森[①]更理解这一点。他最为大家所知的名字是刘易斯·卡罗尔。他是《爱丽丝漫游奇境记》（*Alice´s Adventures in Wonderland*）和《爱丽丝镜中奇遇记》（*Through the Looking-Glass, and What Alice Found There*）的作者。这位痴迷的、富有创造力的逻辑学家每天晚上都会花几个小时躺在床上，试图解答一些他自己设计的、精心制作的谜题。在本书中可以找到这些“枕头题目”中的一部分，就像本书中的其他谜题和智力游戏一样，它们都是以卡罗尔那两

---

① 查尔斯·路特维奇·道奇森（Charles Lutwidge Dodgson，1832—1898），英国作家、数学家、逻辑学家、摄影家和儿童文学作家。他以笔名刘易斯·卡罗尔（Lewis Carroll）创作了许多儿童文学作品。——译注

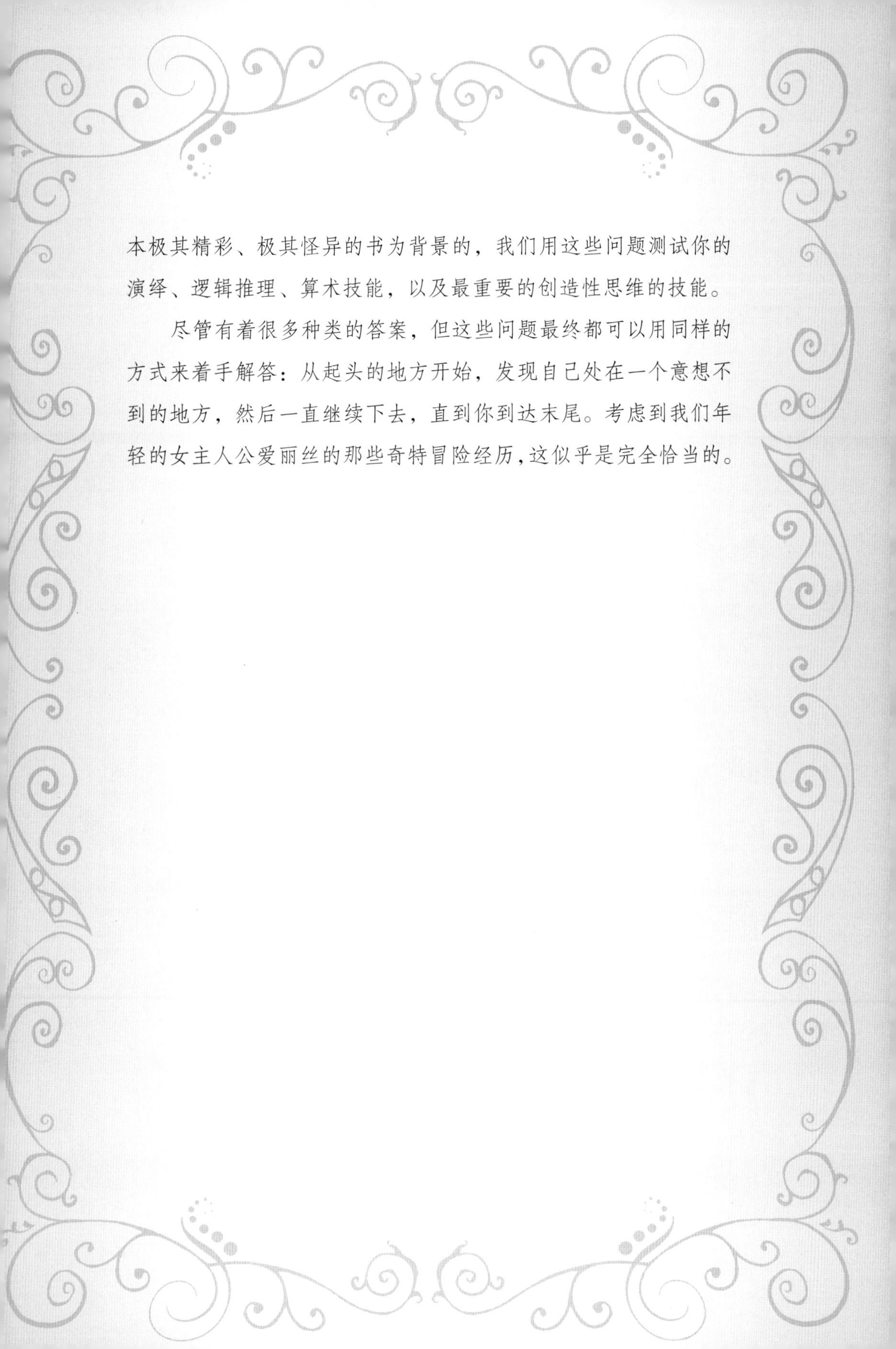

本极其精彩、极其怪异的书为背景的，我们用这些问题测试你的演绎、逻辑推理、算术技能，以及最重要的创造性思维的技能。

尽管有着很多种类的答案，但这些问题最终都可以用同样的方式来着手解答：从起头的地方开始，发现自己处在一个意想不到的地方，然后一直继续下去，直到你到达末尾。考虑到我们年轻的女主人公爱丽丝的那些奇特冒险经历，这似乎是完全恰当的。

目录

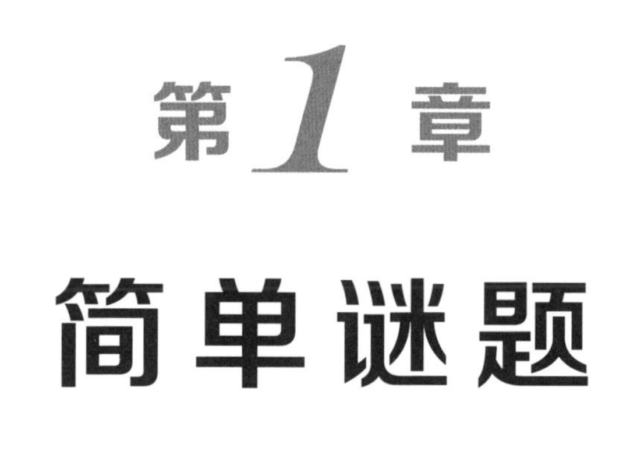

第1章

简单谜题

饼干碎了

“哦，别介意我们，”疯帽子说，“我们的茶还没喝完呢。”

“你什么时候开始喝的？”爱丽丝问。

“我想是 3 月 14 日。”他回答。

三月兔正要热切地表示反对时，他注意到了爱丽丝抱着的那个柳条托盘。

“请问，那个托盘里是什么？”三月兔说。

“我给你的茶话会带来了饼干。”爱丽丝一边解释，一边把托盘放在桌上。她刚放下托盘，疯帽子就从叮当作响的茶杯上方探过身子，抢走了这些饼干。

“你还可以带些蛋糕来的。”他那塞满了饼干的嘴嘟囔着。

疯帽子话音未落，已经吃掉了托盘上饼干的一半加上另外半块。三月兔意识到自己的机会来了，于是抢过盘子，吃了剩下饼干的一半加上半块。他们俩陷入了一种贪吃后的呆滞状态。睡鼠从睡梦中醒来，吃了剩下饼干的一半加上半块，然后很快又睡着了。爱丽丝看着面前的那一大堆饼干屑，闷闷不乐地吃了最后一块饼干。

爱丽丝来到茶话会时，托盘里有多少块饼干？

解答见第 140 页

小牡蛎

海象和木匠在阴郁的月光下散步时，偶然遇到了一只大牡蛎和他的七只小牡蛎。

“你的这些小牡蛎是公的还是母的？”木匠问。那只年纪最大的牡蛎眨了眨眼，摇了摇他那沉重的脑袋。“他们一半是公的。”他回答说。

这怎么可能呢？

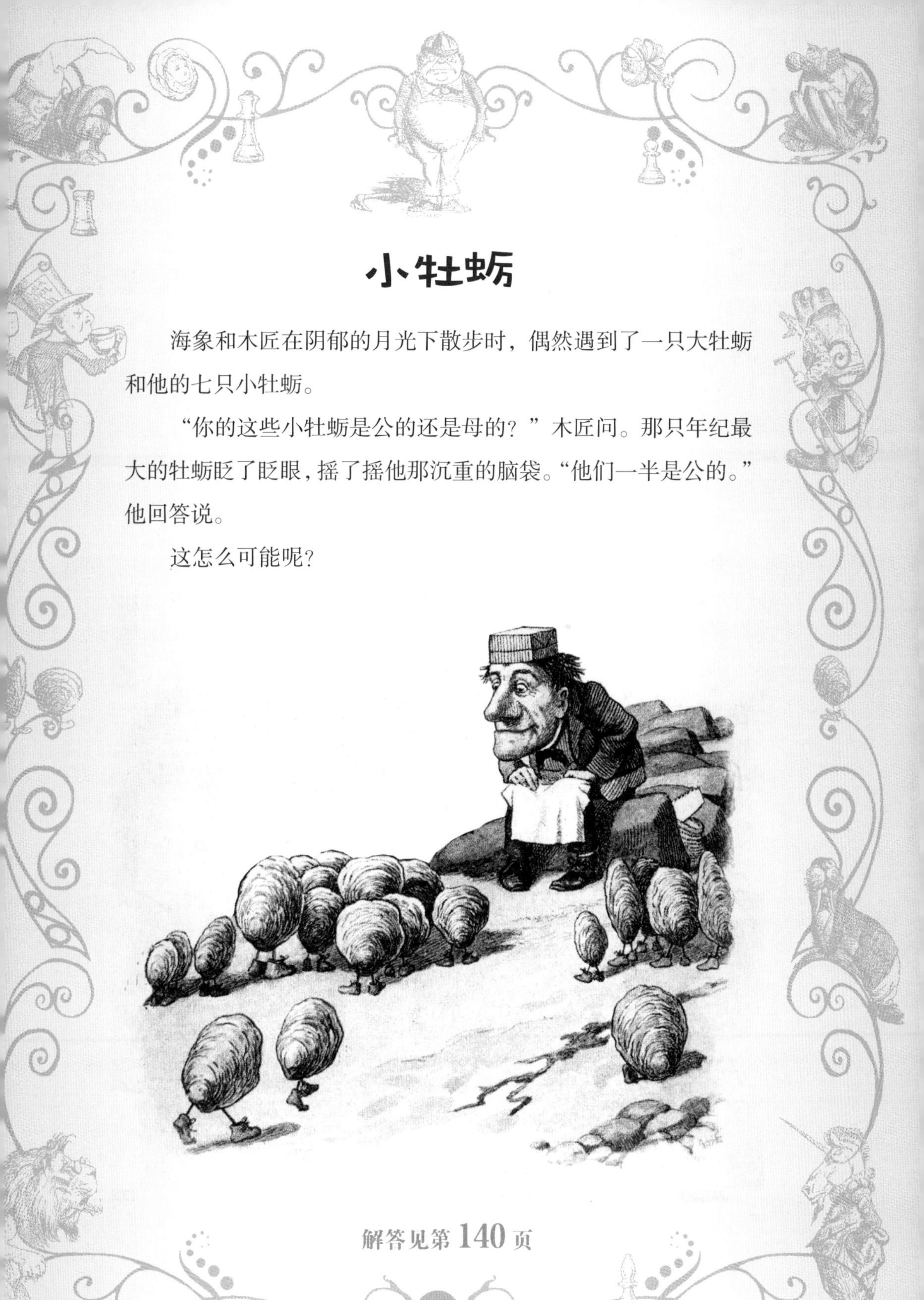

解答见第 140 页

叮当兄和叮当弟

“你们是双胞胎吗？”爱丽丝问。

“肯定不是啊！”叮当弟说。

“但我们**确实是**同一对父母所生。”叮当兄说。

“而且我们出生在同一年的同一天。”

“但我们肯定不是双胞胎。”

这怎么可能呢？

解答见第 140 页

不听劝告

山羊把眼镜往他长长的鼻梁上推了推。“喂，”他说，“这次旅行在你看来究竟有什么不寻常的地方呢？”

爱丽丝看了一下马车的四周。那匹马正啃着一个座位。“你为什么问这个？”她回答。

“前几天早上，我告诉一个人，我必须赶上 12:50 的火车，”山羊解释道，“而他极力劝告我不要去赶这趟火车。我想不出他是什么意思。”

为什么这个人建议山羊不要去赶这趟火车？

解答见第 **140** 页

找不同：对战炸脖龙

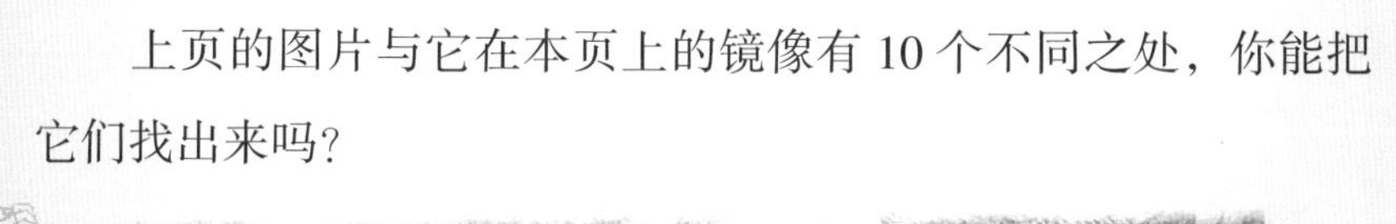

上页的图片与它在本页上的镜像有 10 个不同之处，你能把它们找出来吗？

解答见第 141 页

昆虫学方程

这只蚊子确实很大，“大约有一只小鸡那么大。”爱丽丝想。

她发现自己安静地坐在一棵树下，而那只蚊子在她头顶处的一根小树枝上，身体保持着平衡，并用翅膀给她扇着风。它指出了周围所有的昆虫：

除了两只昆虫以外，所有其他昆虫都是木马蝇（它们吃树液和锯末）。

除了两只昆虫以外，所有其他昆虫都是圣诞蜻蜓（它们吃牛奶麦片粥和肉末馅饼）。

除了两只昆虫以外，所有其他昆虫都是面包奶油蝶（它们吃加奶油的红茶）。

包括这只蚊子在内，爱丽丝看见多少只昆虫？

解答见第 142 页

挑食的猫

早餐时，三姐妹在喂一只猫，

第一个给了它鳎鱼——小猫对此表示感谢。

第二个给了它鲑鱼——小猫觉得这是一种享受。

第三个给了它鲱鱼（herring）——小猫不愿意吃。

请对这只猫的行为给出解释。

——取自刘易斯·卡罗尔的《来自奇境的谜题》

（*Puzzles from Wonderland*）杂志

解答见第 **142** 页

找不同：爱丽丝与扑克牌

本页的这张图片几乎是上页那张图片的完美镜像，但其中有10个不同之处，你能把它们找出来吗？

解答见第 **143** 页

装箱

约翰给了他兄弟詹姆斯一个箱子（box），

在它的各处有许多锁（lock）。

詹姆斯醒了，说这让他很痛苦，

于是又把它还给了约翰。

这个箱子没有配盖子（lid），

却导致两个盖子大开：

所有这些锁从来就没有钥匙（key）。

那么，这会是什么样的箱子呢？

——取自刘易斯·卡罗尔的《来自奇境的谜题》杂志

解答见第 144 页

不安静的车厢

“我根本不该参与这趟火车旅行，”爱丽丝说，“我刚才还在树林里——我希望我能回到那里去！”

其他乘客几乎没有注意到爱丽丝的悲惨处境。“我现在的年纪是那头山羊的3倍。”那位身穿白纸衣服的绅士大声说道，但他并不是对着任何特定的人说的。

他的山羊旅伴已经再次闭上了眼睛，他向这位旅伴点点头。“我一定也越来越年轻了，因为5年前我的年纪是他的5倍！”

这位身穿白纸衣服的绅士现在多大年纪？

解答见第 **144** 页

鱼晚餐

“至于鱼嘛，”红王后把嘴巴凑近爱丽丝的耳朵说，“白王后陛下知道一个可爱的谜语——全以诗的形式写成——全是关于鱼的。要让她再说一遍吗？”

“请再说一遍吧。”爱丽丝很有礼貌地说。

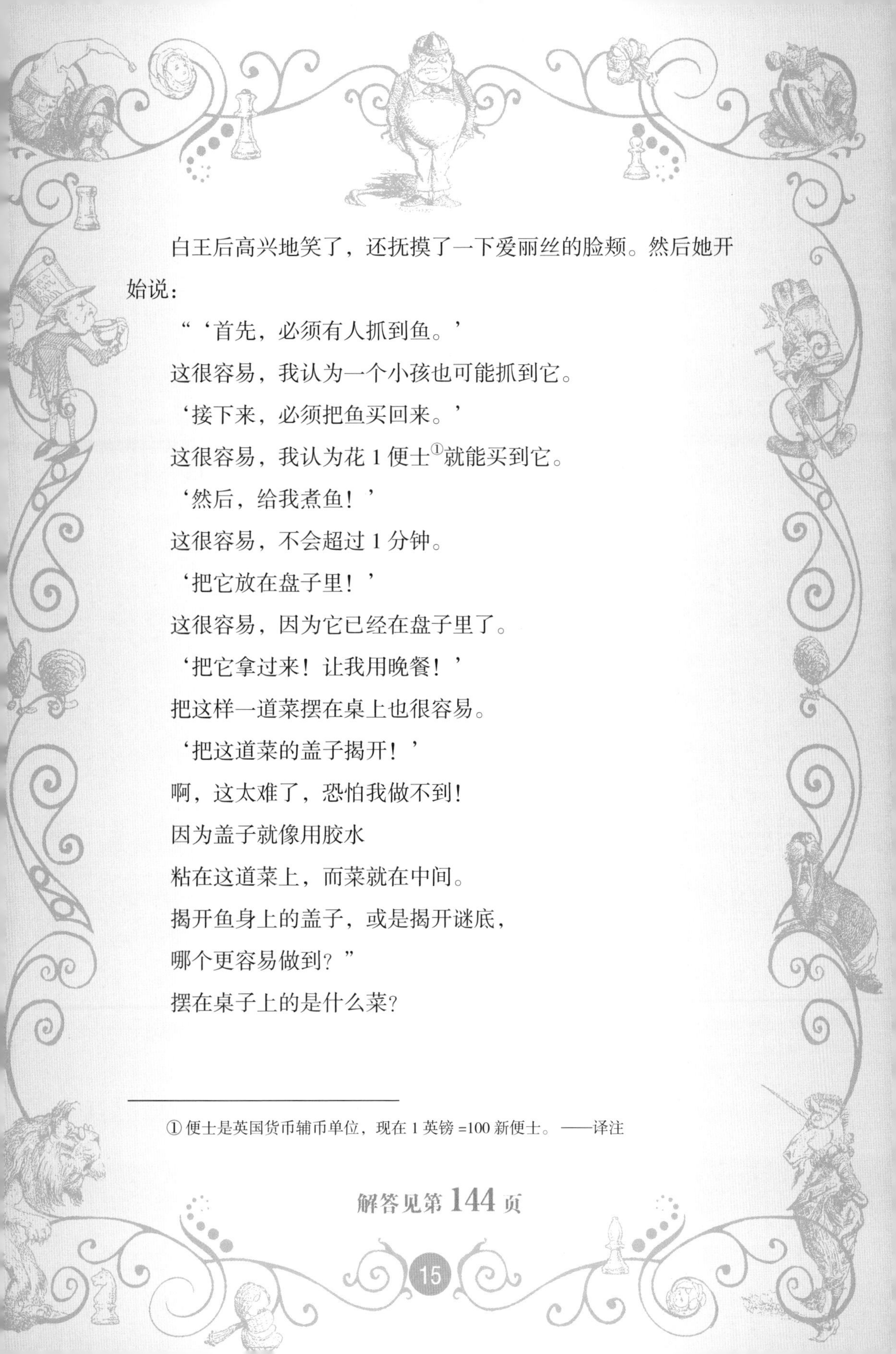

白王后高兴地笑了，还抚摸了一下爱丽丝的脸颊。然后她开始说：

"'首先，必须有人抓到鱼。'

这很容易，我认为一个小孩也可能抓到它。

'接下来，必须把鱼买回来。'

这很容易，我认为花1便士[1]就能买到它。

'然后，给我煮鱼！'

这很容易，不会超过1分钟。

'把它放在盘子里！'

这很容易，因为它已经在盘子里了。

'把它拿过来！让我用晚餐！'

把这样一道菜摆在桌上也很容易。

'把这道菜的盖子揭开！'

啊，这太难了，恐怕我做不到！

因为盖子就像用胶水

粘在这道菜上，而菜就在中间。

揭开鱼身上的盖子，或是揭开谜底，

哪个更容易做到？"

摆在桌子上的是什么菜？

---

① 便士是英国货币辅币单位，现在1英镑=100新便士。——译注

解答见第144页

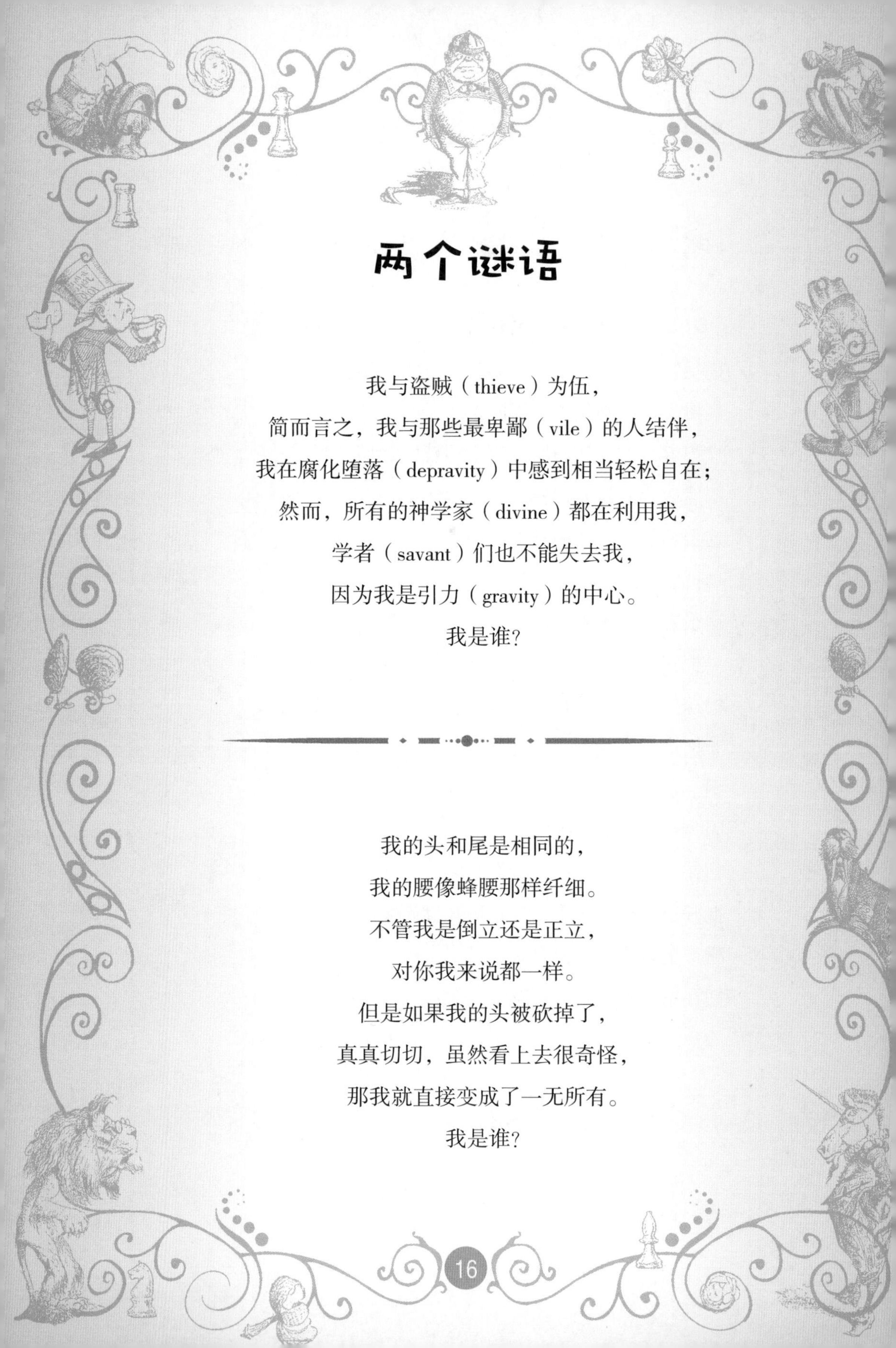

两个谜语

我与盗贼（thieve）为伍，
简而言之，我与那些最卑鄙（vile）的人结伴，
我在腐化堕落（depravity）中感到相当轻松自在；
然而，所有的神学家（divine）都在利用我，
学者（savant）们也不能失去我，
因为我是引力（gravity）的中心。
我是谁？

我的头和尾是相同的，
我的腰像蜂腰那样纤细。
不管我是倒立还是正立，
对你我来说都一样。
但是如果我的头被砍掉了，
真真切切，虽然看上去很奇怪，
那我就直接变成了一无所有。
我是谁？

解答见第 **145** 页

镜像：爱丽丝与渡渡鸟

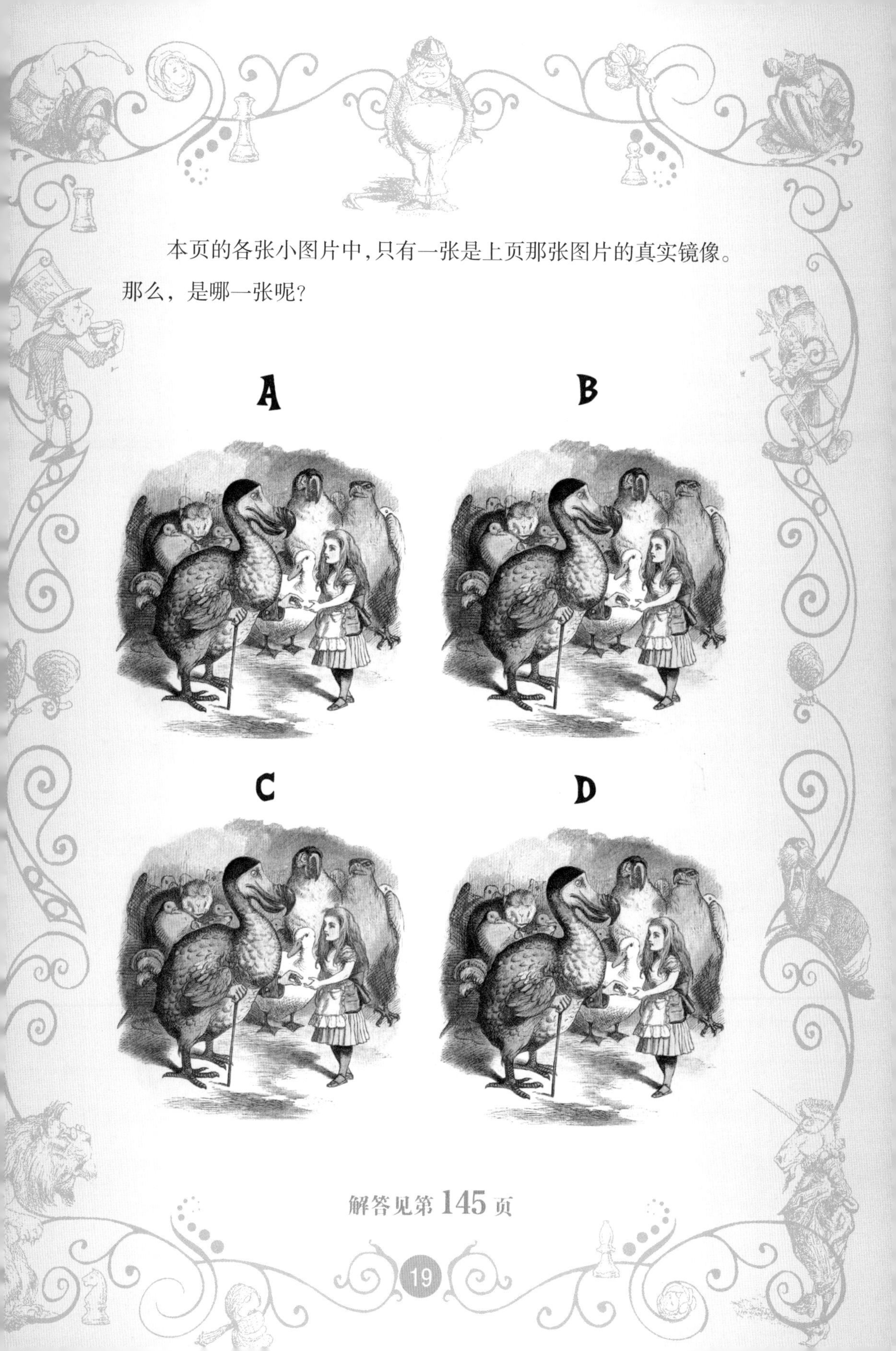

本页的各张小图片中，只有一张是上页那张图片的真实镜像。那么，是哪一张呢？

A

B

C

D

解答见第 145 页

在坑里

叮当兄和叮当弟约定要打一架，因为叮当兄说叮当弟弄坏了他那个漂亮的新拨浪鼓。

在他们扭打的过程中，叮当兄把他够得到的东西都打了（不管他看到的还是没有看到的），他意外地把叮当弟撞进了一个深深的坑里。

叮当兄说：“你要从那个坑里出来可就困难了。简直不可能！”

“恰恰相反，”叮当弟回答说，“只是要花很多时间。”

到那天结束时，叮当弟只爬上来 4 英尺[1]。他估计这个坑有 12 英尺深。夜里他睡觉的时候下起了雨，他被雨冲下去了 3 英尺。叮当兄无助地观望着。同样的模式每天都在重复：白天往上爬了 4 英尺，晚上又被冲下去 3 英尺。

叮当弟在这个坑里被困了多少天？

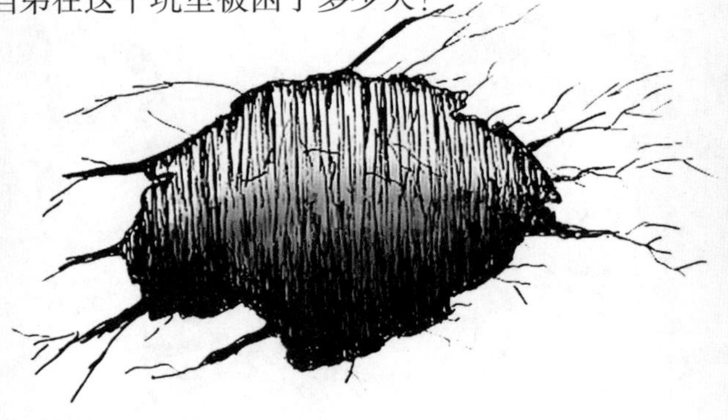

---

① 1 英尺≈0.3048 米。——译注。

解答见第 **145** 页

蒲式耳生意

梦见墙上的苹果，

常常梦见（dreaming often），亲爱的，

我梦到，如果我把它们全都数一数，

那会出现多少个苹果？

——取自刘易斯·卡罗尔的《来自奇境的谜题》杂志

解答见第146页

打喷嚏的商人

厨师在做汤时放了太多胡椒粉，以至于她不得不从一位特别的商人那里购买胡椒粉。这位商人带着一个个装满胡椒粒的袋子和一个气派的胡椒磨挨家挨户地推销。

这位商人的收费方式是，他留下他所磨得的所有胡椒粉的十分之一。这位厨师在付费后正好得到 1 袋胡椒粉，那么商人为她磨了多少胡椒粉？

解答见第 **146** 页

狮子和独角兽停止了一天的打斗，王冠明天还会在那里。为了变一下花样，而且李子蛋糕全都已经吃完了，于是他们决定与哈达（Hatta）和黑格（Haigh）玩拔河。

虽然很艰难，但狮子勉强可以拔赢独角兽和哈达组成的另一方。狮子和独角兽组成一方，恰好能与黑格和哈达组成的另一方战成平局，哪一方都拉不动另一方。然而，如果哈达和独角兽交换位置，那么黑格和独角兽就轻而易举地赢了。

他们 4 个的力气排名是怎样的？

解答见第 147 页

找不同：海象与木匠

上页的图片与它在本页上的镜像有 10 个不同之处，你能把它们找出来吗？

解答见第 **147** 页

要砍头

红桃王后下了最后通牒。

她向法庭宣布：“给爱丽丝最后一次说话的机会。如果她的话是真的，就拿她去喂炸脖龙。如果是假的，就把她的头砍掉！”

爱丽丝想了一会儿，然后说了一些令王后茫然不知所措的话，她立即被释放了，并获得了王室的赦免。

她说了一句什么话？

解答见第 148 页

王后的连乘

红王后和白王后紧挨着爱丽丝坐着，一边一个。“你要知道，只有通过了正式的考试，你才有可能成为王后，”红王后说，“而且我们越早开始越好。”

“你会做加法吗？”白王后问，“1加1加1加1加1加1加1加1加1加1的结果是什么？”

“我不知道，”爱丽丝说，“我已经数不清了。”

“她不会做加法。”红王后打断了她的话。

“你会做除法吗？用刀子分开（divide）[①]一条面包——会得到什么？”

“我想——”爱丽丝刚要开口，但红王后替她回答了：“当然是面包抹黄油啦。来试试连乘吧。5乘4乘3乘2乘1乘0乘1乘2乘3乘4乘5的结果是什么？”

爱丽丝考虑了一会儿。“哦，我知道怎么解这道题！”她急切地回答道。

她给出了什么答案？

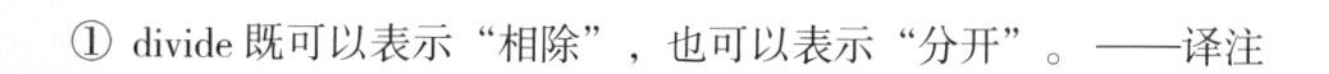

① divide既可以表示“相除”，也可以表示“分开”。——译注

解答见第148页

亲爱的[1]奶牛场

三月兔的家里始终在开茶话会，这就意味着那里总是有茶。

三月兔和疯帽子都从未考虑过这件事——睡鼠通常都在打瞌睡——但他们不停地喝茶，因此就不停地需要加牛奶。事实上，茶话会需要如此多的牛奶，以至于那里有一小片奶牛场，饲养这些奶牛的唯一目的就是保持他们的牛奶罐一直是满的。

这片奶牛场在三月兔的房子后面，那里饲养着黑色的奶牛和棕色的奶牛。4 头黑色奶牛和 3 头棕色奶牛在 5 天内的产奶量相当于 3 头黑色奶牛和 5 头棕色奶牛在 4 天内的产奶量。

哪种奶牛的产奶量比较高？

---

① 原文是 dear，既可以表示“亲爱的”，也可以表示“昂贵的”。——译注

解答见第 **148** 页

猫科动物的沮丧

这篇经典的“诗句字谜”是已知的刘易斯·卡罗尔的最早谜题。

一块纪念碑——人们都同意——
我是真心又实意，
一半是猫，一半是障碍。
如果要去掉头和尾，
那么最重要的是你给了我力量；
把我的头放回去，就是你看到的那个架子，
而我的尾巴就躺在上面。
这是什么东西？

A monument – men all agree –
Am I in all sincerity,
Half cat, half hindrance made.
If head and tail removed should be,
Then most of all you strengthen me;
Replace my head, the stand you see
On which my tail is laid.
What is it ?

解答见第 149 页

镜像：蜥蜴比尔钻烟囱

本页的各张小剪影中，只有一张是上页那张图片的真实镜像。那么，是哪一张呢？

解答见第 149 页

正面朝下的牌

“王后！王后！”红桃 5 喊道，爱丽丝看着 3 张扑克牌扑向地面。

首先到来的是 10 名士兵，接着是 10 名侍臣，接着是 10 名王室子女，接着是 10 名宾客，接着是白兔，接着是红桃 J，最后面跟着的是红桃国王和红桃王后。

队伍在爱丽丝面前停了下来。“孩子，你叫什么名字？”王后问道。

“我的名字是爱丽丝，陛下请。”

“这些是谁？”王后指着躺在玫瑰树周围的 3 张牌说。她分不清他们是园丁、士兵还是侍臣，又或者是她自己的 3 个孩子。

爱丽丝与王后同样一无所知，但她想表现得礼貌一点。她听到身边有人战战兢兢地咳嗽了一声。白兔踮起脚尖，把嘴凑到爱丽丝的耳边，低声说道：

“草花的右边是方块，J 的右边是 K，J 的左边是另一张 J，方块的左边是另一张方块。”

这是哪 3 张牌？

解答见第 150 页

好卖的鸡蛋

鸡蛋可是抢手货。绵羊发现，在她店里出售的所有稀奇古怪的商品中，鸡蛋是最受欢迎的。

绵羊想利用这一点，于是带了一定数量的鸡蛋去市场上出售。第二天，待售的鸡蛋数量是第一天卖出后剩下来的鸡蛋数量的两倍，但她卖出的鸡蛋数量与前一天相同。第三天，待售的鸡蛋数量是第二天卖出后剩下来的鸡蛋数量的 3 倍，她再次卖出了与前 2 天相同的数量。第四天，待售的鸡蛋数量是第三天卖出后剩下来的鸡蛋数量的 4 倍，但她卖出的数量仍然不变。在第五天，也就是最后一天，待售的鸡蛋数量是第四天卖出后剩下来的鸡蛋数量的 5 倍，而她仍然卖出了同样数量的鸡蛋，此时她一个鸡蛋也不剩了。

绵羊第一天至少带了多少个鸡蛋到市场上去？她每天卖出多少个？

解答见第 150 页

叮当兄说：“我没有看到她过来，因为我当时站在**你**身后。”

“恰恰相反！”叮当弟争辩道，“我当时站在**你**身后！”

“完全不对！”叮当兄生气地反驳。

看起来他们马上又要打一场了。

“等一下！”爱丽丝说，“我想我知道是怎么回事了。”

你知道这是怎么回事吗？

解答见第 150 页

爱丽丝在棋盘上的旅程已经开始让她迷糊了。这时，令她高兴的是，她发现了一根有四支箭头的路标。

“现在我要回到成为王后的路上了。”她高兴地说。但是话刚出口，一阵风把路标连根拔起。爱丽丝捡起路标，惊讶地发现它仍然完好无损。

“我没有地图，也没有可以问路的人，”她自言自语道，“我现在怎么才能找到路呢？”

解答见第 151 页

重振旗鼓

爱丽丝一生之中从来没有见过士兵们走路如此不稳。他们总是被这样东西或那样东西绊倒，每当有一个人倒下时，总会有好几个人摔倒在他身上，所以地上很快就堆起了一小堆人。

每当有一匹马绊了一下，上面的骑手就会立刻摔下来，这似乎是一条规律。爱丽丝躲在一棵树后的安全藏身点，看着 13 位晕头转向的、无望的骑手到处跌跌撞撞，他们还没能跨上第一匹可用的马。

恰好有 12 位骑手设法找到自己的马的概率有多大?

解答见第 151 页

草坪午餐

这不是这座花园的过失，它看起来很朴实。几乎任何一块土地都会坐落在一座开放着会说话的花朵的花园旁边。

花园的农夫没有时间亲自修剪草坪，于是把这项工作留给了他的家畜们。他发现他的奶牛和山羊会在 45 天内吃光所有的草，奶牛和鹅会在 60 天内吃光所有的草，而山羊和鹅会在 90 天内吃光所有的草。

这一切都是针对草不再生长的前提而言的。如果这位农夫把奶牛、山羊和鹅一起留在这座花园里，那么它们要花多长时间才能把所有的草都吃光？

解答见第 152 页

找不同：威廉爸爸的杂耍

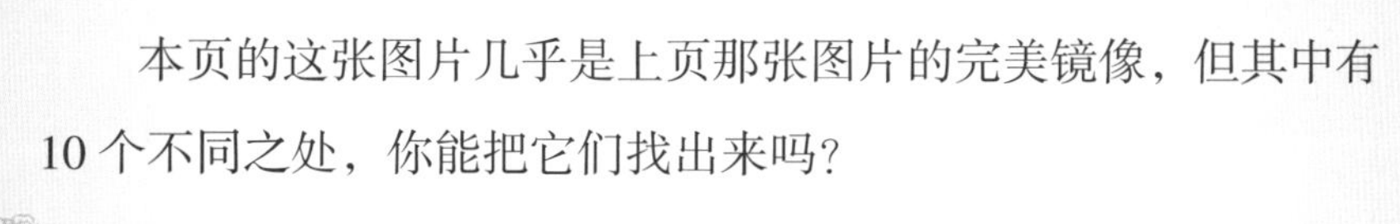

本页的这张图片几乎是上页那张图片的完美镜像，但其中有10个不同之处，你能把它们找出来吗？

解答见第153页

镜像时间

镜子正在融化，就像一团明亮的银色薄雾。过了一会儿，爱丽丝穿过了镜子，轻轻地跳进了镜中的房间。“他们的这个房间可没有收拾得像另一个房间那样整洁。”她心想。

爱丽丝开始四处张望，她高兴地发现壁炉里生着一堆真的火，像她刚才离开的那堆火一样明亮地燃烧着。壁炉架上的钟也还在，但它周围的一切都完全反过来了。这个镜中的钟虽然与她自己家里的钟正好相反，但显示的时间却完全相同。

钟面上的所有小时刻度都用相同的标记表示，时针和分针的长度和形状都相同。爱丽丝穿过镜子的时间是6点到7点之间。若精确到秒，当时是什么时间？

——一道来自刘易斯·卡罗尔的谜题

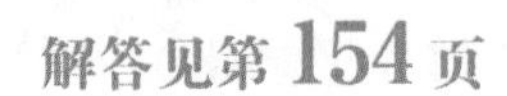

解答见第154页

餐饮服务的难题

黑格和哈达的周围摆满了一盘又一盘的白面包和黑面包。当他们没有分散彼此的注意力时——这是经常发生的事——两人就在忙着为狮子和独角兽的打斗准备茶点。

黑格能够在 5 分钟内在一个托盘里装满 20 片面包。哈达原本能以同样的速度工作，但他还要多准备一杯茶，所以他需要 10 分钟才能在一个托盘里装满同样数量的面包。

如果黑格和哈达一起工作，他们在一个托盘里装满 20 片白面包和黑面包要花多长时间？

解答见第 154 页

虚假的悲恸

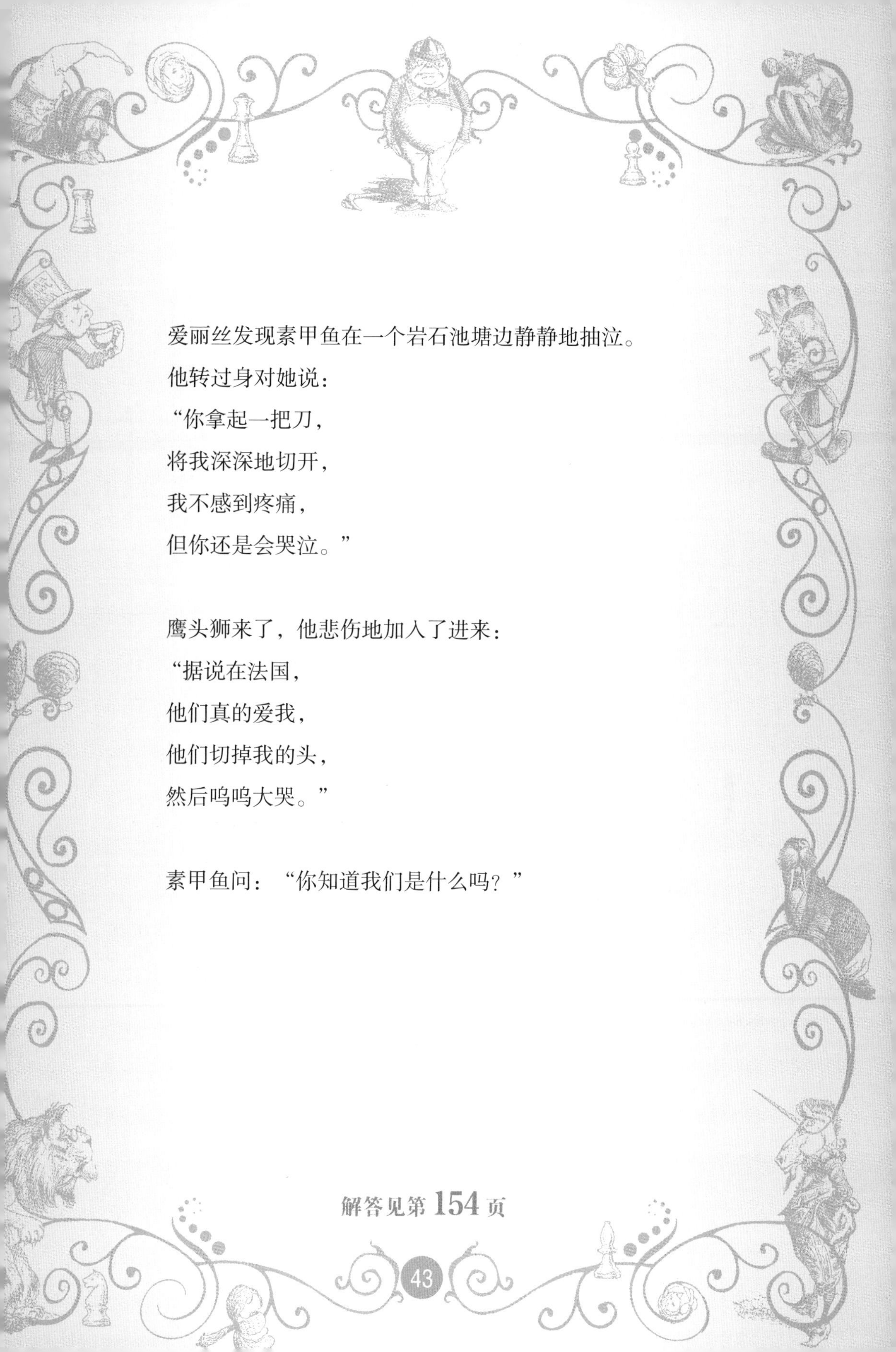

爱丽丝发现素甲鱼在一个岩石池塘边静静地抽泣。
他转过身对她说：
“你拿起一把刀，
将我深深地切开，
我不感到疼痛，
但你还是会哭泣。”

鹰头狮来了，他悲伤地加入了进来：
“据说在法国，
他们真的爱我，
他们切掉我的头，
然后呜呜大哭。”

素甲鱼问：“你知道我们是什么吗？”

解答见第 154 页

第2章

奇异谜题

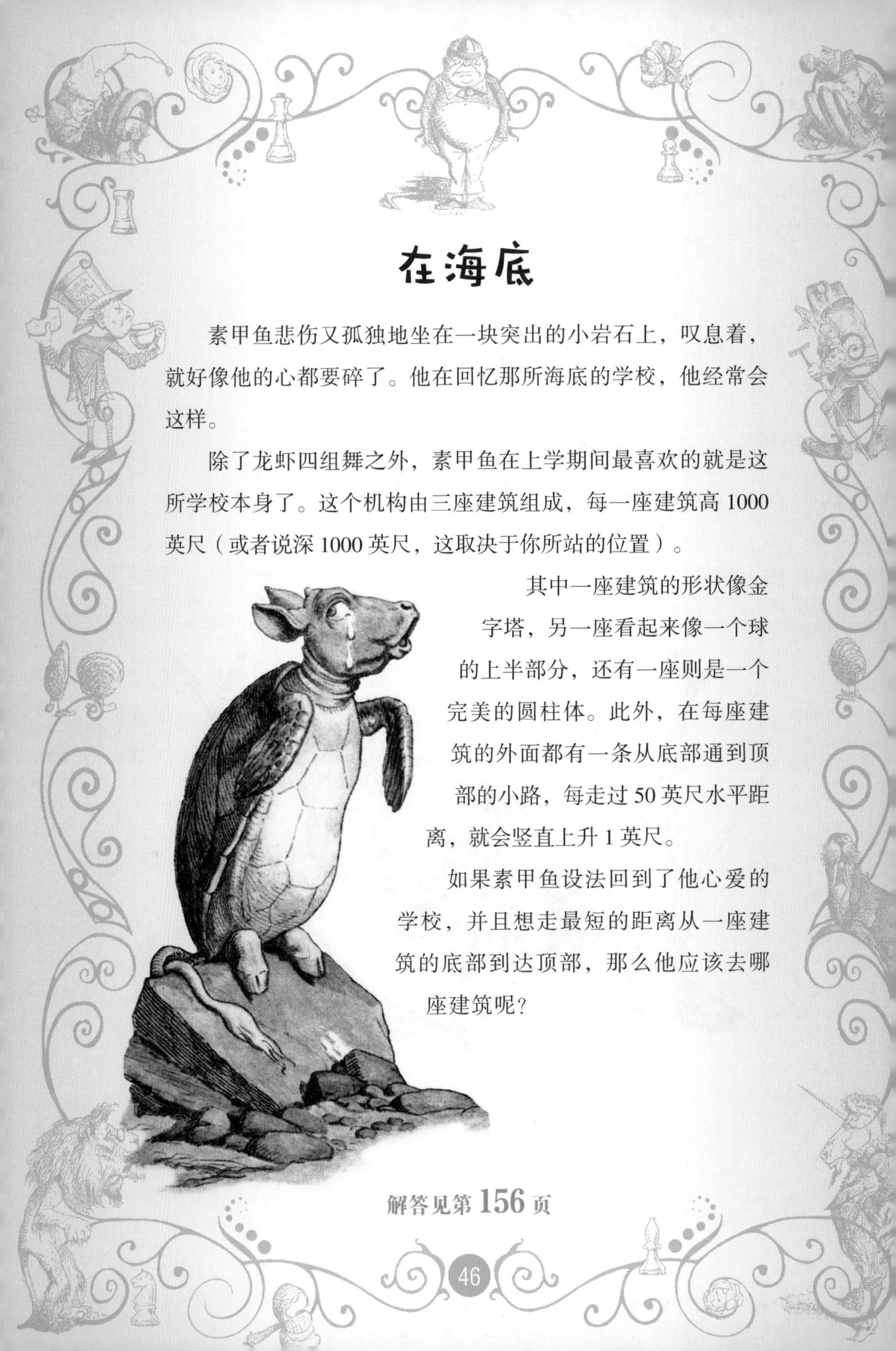

在海底

素甲鱼悲伤又孤独地坐在一块突出的小岩石上，叹息着，就好像他的心都要碎了。他在回忆那所海底的学校，他经常会这样。

除了龙虾四组舞之外，素甲鱼在上学期间最喜欢的就是这所学校本身了。这个机构由三座建筑组成，每一座建筑高 1000 英尺（或者说深 1000 英尺，这取决于你所站的位置）。

其中一座建筑的形状像金字塔，另一座看起来像一个球的上半部分，还有一座则是一个完美的圆柱体。此外，在每座建筑的外面都有一条从底部通到顶部的小路，每走过 50 英尺水平距离，就会竖直上升 1 英尺。

如果素甲鱼设法回到了他心爱的学校，并且想走最短的距离从一座建筑的底部到达顶部，那么他应该去哪座建筑呢？

解答见第 156 页

刘易斯·卡罗尔的朋友们在晚年会回忆起，他是多么喜欢用自己设计的谜题给他们带来惊喜。下面是他最爱的谜题之一。

有两个玻璃杯：其中一个装有 50 匙纯白兰地，另一个装有 50 匙纯水。

从第一个玻璃杯里舀一匙白兰地，倒入第二个玻璃杯，然后搅拌均匀。接着从第二个玻璃杯里舀一匙混合物，倒入第一个玻璃杯。

是从第一个玻璃杯转移到第二个玻璃杯中的白兰地比较多呢，还是从第二个玻璃杯转移到第一个玻璃杯中的水比较多？

解答见第 156 页

找不同：爱丽丝与绵羊去划船

上页的图片与它在本页上的镜像有 10 个不同之处，你能把它们找出来吗？

解答见第 **157** 页

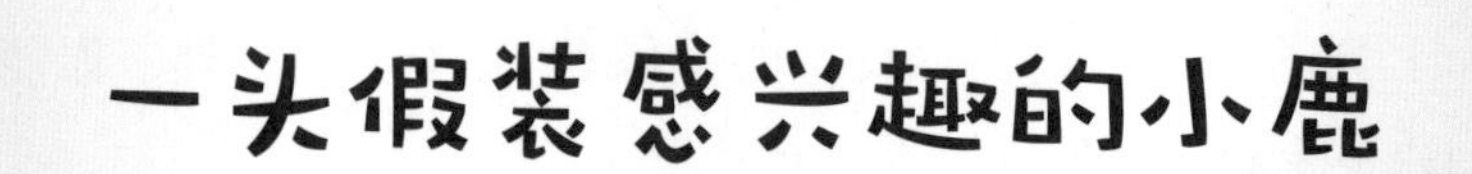

一头假装感兴趣的小鹿

“你叫什么名字？”小鹿问爱丽丝。

“我要是知道就好了！”可怜的爱丽丝想，因为她已经忘记了。她相当悲伤地回答：“眼下我没有名字。”

他们一起穿过树林，但当你对自己也感到陌生时，试图与另一个陌生人交谈简直就是一种挑战。

“你知道什么谜语吗？”小鹿问道，这听起来更像是一种表达礼貌的姿态，而不是一个真正的问题。

爱丽丝认为，如果她记得一些谜语，却不记得自己的名字，那会令人困惑，但她不想让她的新朋友难堪，于是她设法当场编了一个。

“是的！”她回答。“什么单词以‘e’开头，以‘e’结尾，但里面通常只有一个字母（letter）？”

爱丽丝的谜语的答案是什么？

解答见第 158 页

极度[1]恐慌

持续不断的恐慌会对园丁产生一些奇怪的影响。红桃 5 总是担心王后会突然来访，为了分散对此的焦虑，他开始编谜语。当园丁们再次粉刷玫瑰树时，他给他们讲了他最新的谜语：

如果我让王后和椅子都告诉我他们是什么，然后请你把王后和她的椅子抬到屋顶上，那么王后、她的椅子，还有你，你们仨都可以用同一句话回答我。

红桃 5 的谜语的答案是什么？

① 原文是 royally，可以表示“极度地”，也可以表示“帝王般地”，因此有双关的意思。——译注

解答见第 158 页

找不同：变小的爱丽丝

本页的图片几乎是上页图片的完美镜像，但它们有 10 个不同之处，你能把它们找出来吗？

解答见第 159 页

自由自在的仆人

当鱼仆人穿上为第二天准备的制服时，他想到了他刚刚与王室达成的新合同。令他感到欣慰的是，国王亲自协商了这些条款——这类事情通常都是由王后来处理的，她把执行合同的概念看得太严格了。

新协议规定，鱼仆人将在 30 天内每天获得 8 英镑的报酬，条件是他每懒散一天就得罚没 10 英镑。这位可怜的仆人一直期待着他能用这些额外的钱做些什么，但在 30 天结束时，他发现他和王室互不相欠。

鱼仆人干了多少天活，又懒散了多少天？

解答见第 **160** 页

“全错了！”疯帽子叹了口气，“我告诉过你黄油不适合这么用。”三月兔闷闷不乐地看了看他的表，然后把表浸在茶杯里，又看了看它。“你知道，这是最好的黄油。”他温顺地回答。

爱丽丝一直好奇地越过他的肩膀看。“多有趣的手表啊！”她说，“它每小时都会走快 1 分钟。”

“哦，这不算什么！”疯帽子说，“我的表每小时都走慢 1 分钟！”

三月兔郑重地点了点头说：“不过，我们在周三早上 8 点把这两块表都校准到了正确的时间。”

爱丽丝小心地擦去茶水，比较了一下这两块表。

“多么奇怪啊！它们现在的显示时间恰好相差 1 个小时。”

此时是什么时间？

解答见第 160 页

镜像：爱丽丝与猪宝宝

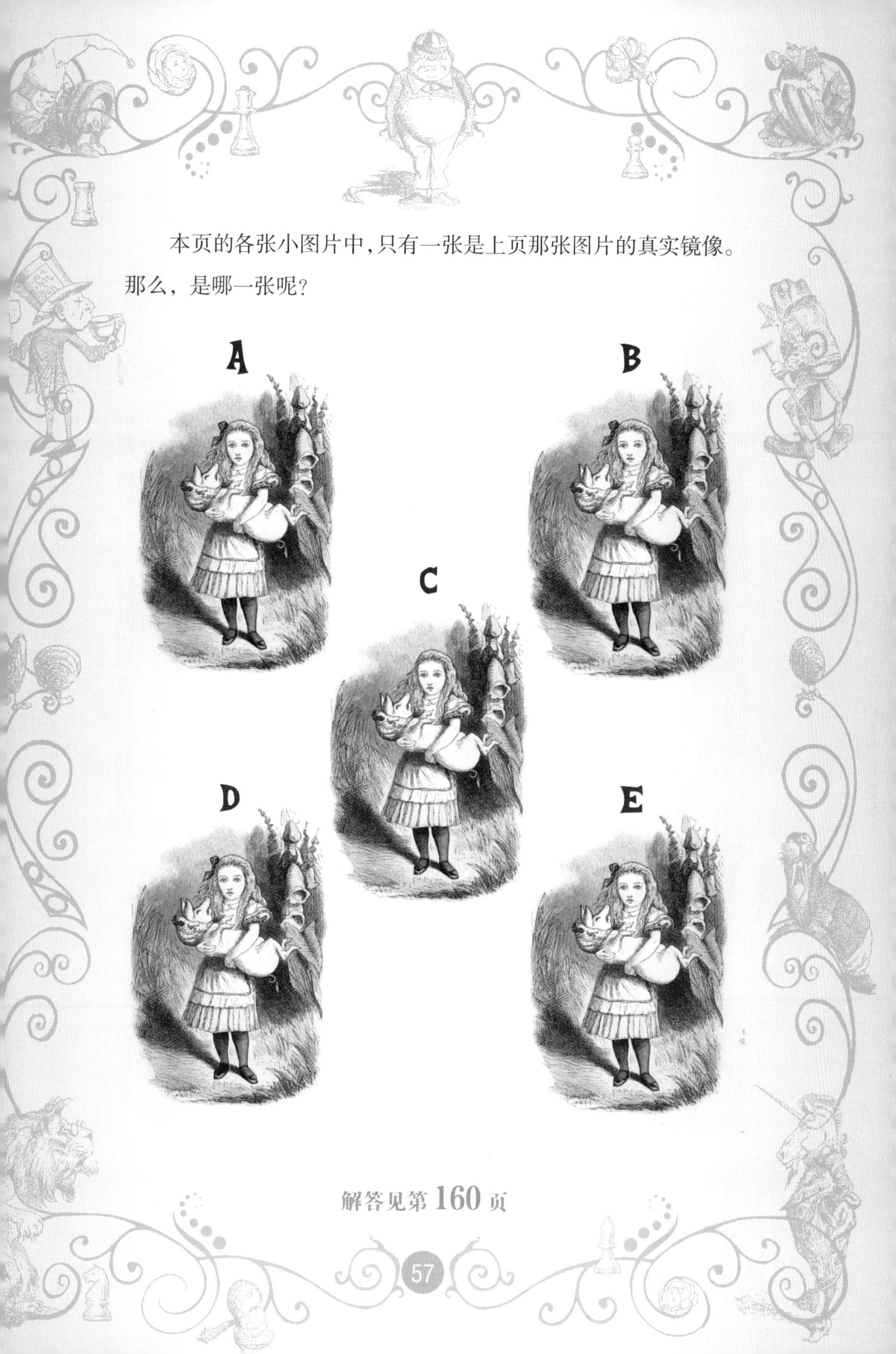

本页的各张小图片中，只有一张是上页那张图片的真实镜像。那么，是哪一张呢？

解答见第 160 页

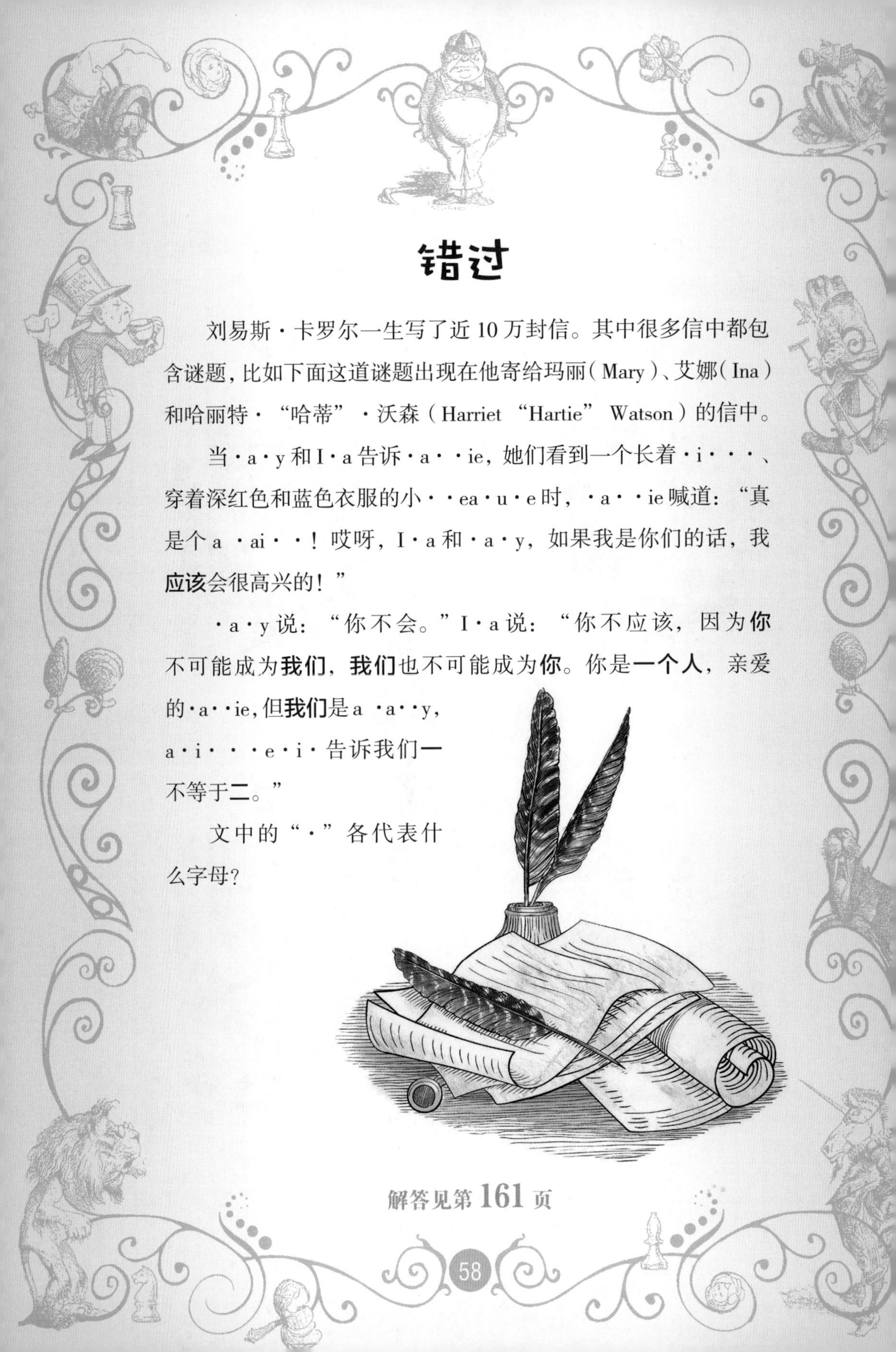

错过

刘易斯·卡罗尔一生写了近10万封信。其中很多信中都包含谜题，比如下面这道谜题出现在他寄给玛丽（Mary）、艾娜（Ina）和哈丽特·“哈蒂”·沃森（Harriet “Hartie” Watson）的信中。

当·a·y和I·a告诉·a··ie，她们看到一个长着·i···、穿着深红色和蓝色衣服的小··ea·u·e时，·a··ie喊道：“真是个a ·ai··！哎呀，I·a和·a·y，如果我是你们的话，我**应该**会很高兴的！”

·a·y说：“你不会。”I·a说：“你不应该，因为**你**不可能成为**我们**，**我们**也不可能成为**你**。你是**一个人**，亲爱的·a··ie，但**我们**是a ·a··y，a·i···e·i·告诉我们**一**不等于**二**。”

文中的“·”各代表什么字母？

解答见第161页

看见红色（或白色）

爱丽丝不得不穿过那片里面的东西都没有名字的树林，这已经够糟糕的了。现在，当她从树干看向树叶，再从树叶看向天空时，她意识到自己完全无法区分颜色了。

天空变得越来越暗，又或许是变得越来越亮。“这是什么……是某种东西！”她想，“它来得真快啊！我相信它有翅膀！”

爱丽丝看出它要么是一枚象，要么是一枚车，但她不能确定它究竟是什么，也不能确定它是红色的还是白色的。她记得有人在什么地方告诉过她一些事情。然而，是谁、是在哪里、是什么事情她都记不清了。

当这枚棋子靠近时，这些信息又回到了她的脑海：

白车总是说真话，红车总是撒谎；红象总是说真话，白象总是撒谎。

它现在就站在爱丽丝面前，说道：“我不是一枚象。”

这枚棋子清了清嗓子，又开口说道：“而且，我要么是红的要么是白的。”

这枚棋子的身份是什么？

解答见第161页

摸黑选袜子

红桃国王又在摸黑穿衣服了。他这样做是为了免得吵醒王后，因为和王室里的所有其他成员一样，他也害怕惹王后生气。

国王的袜子抽屉里有 7 双红袜子、4 双白袜子、3 双黑袜子和 1 双蓝袜子。国王需要从抽屉里拿出多少只袜子，才能保证至少有一双配成对的袜子？

解答见第 162 页

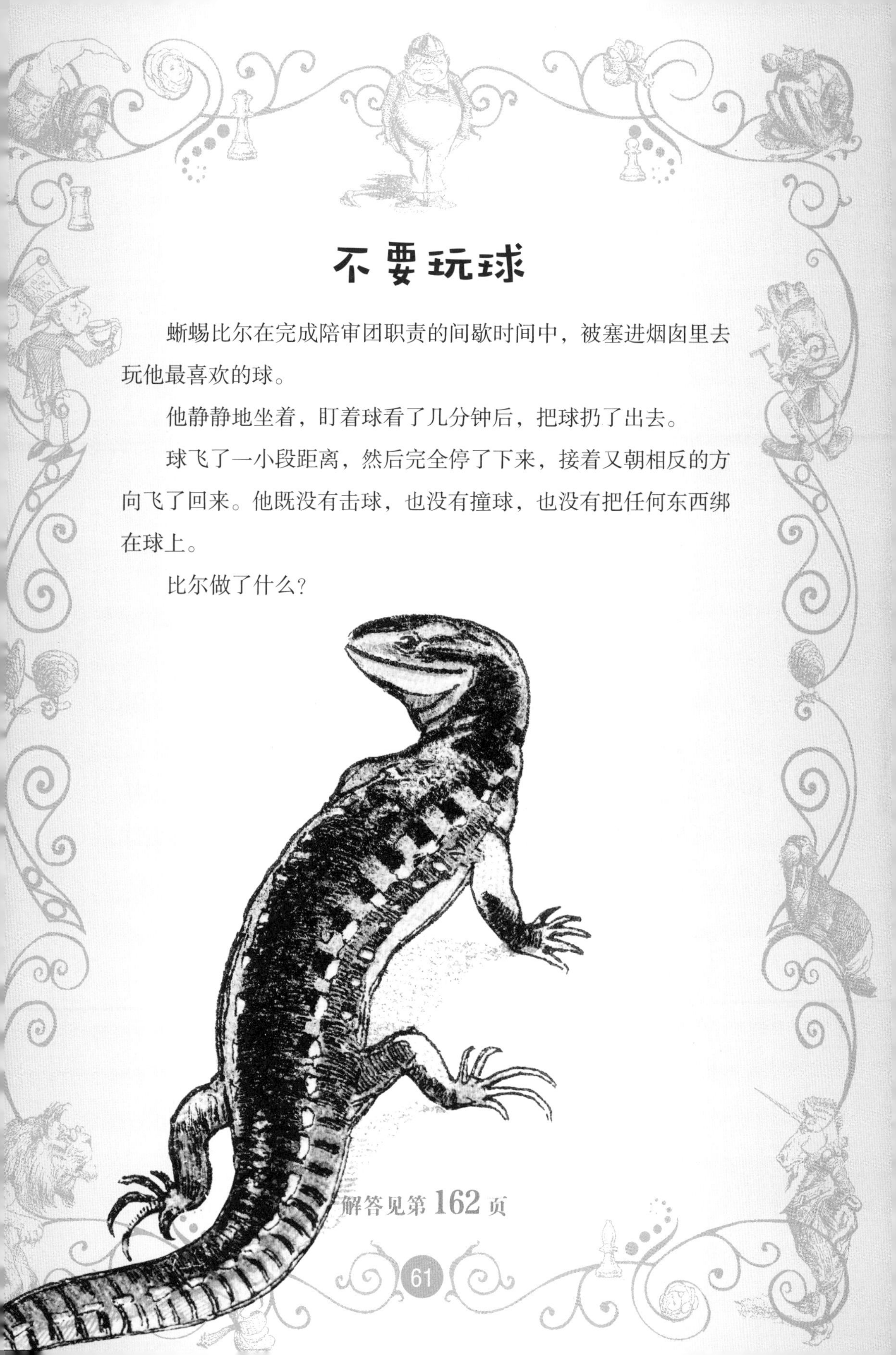

不要玩球

蜥蜴比尔在完成陪审团职责的间歇时间中，被塞进烟囱里去玩他最喜欢的球。

他静静地坐着，盯着球看了几分钟后，把球扔了出去。

球飞了一小段距离，然后完全停了下来，接着又朝相反的方向飞了回来。他既没有击球，也没有撞球，也没有把任何东西绑在球上。

比尔做了什么？

解答见第 162 页

威廉一家

威廉（William）爸爸若干年前的时候，一共有3个孩子：诺亚（Noah）、亚瑟（Arthur）和约翰（John）。

当时这3个孩子的年龄之和是威廉爸爸的一半。5年以后，威廉爸爸的年龄与他所有孩子的年龄之和相等，在此期间，乔伊丝（Joyce）出生了。

此后又过去了10年，菲莉丝（Phyllis）在此期间出生。当菲莉丝出生时，诺亚的年龄等于约翰和乔伊丝的年龄之和。

现在，所有孩子的年龄之和是威廉年龄的两倍，而威廉的年龄只相当于诺亚和亚瑟的年龄之和，诺亚的年龄也等于乔伊丝和菲莉丝的年龄之和。

威廉爸爸和他的孩子们现在的年龄是多少？

解答见第162页

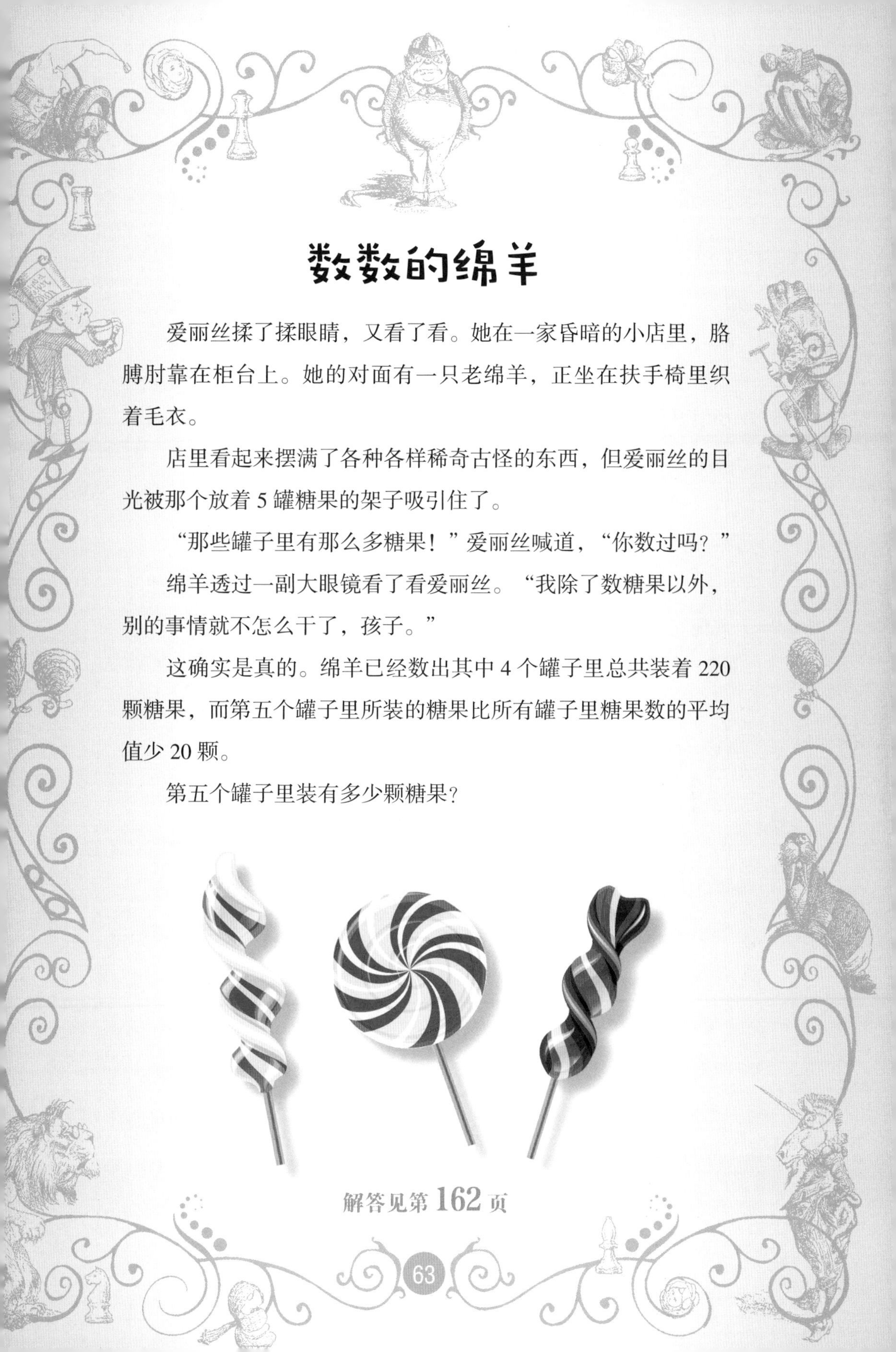

数数的绵羊

爱丽丝揉了揉眼睛，又看了看。她在一家昏暗的小店里，胳膊肘靠在柜台上。她的对面有一只老绵羊，正坐在扶手椅里织着毛衣。

店里看起来摆满了各种各样稀奇古怪的东西，但爱丽丝的目光被那个放着 5 罐糖果的架子吸引住了。

“那些罐子里有那么多糖果！”爱丽丝喊道，“你数过吗？”

绵羊透过一副大眼镜看了看爱丽丝。“我除了数糖果以外，别的事情就不怎么干了，孩子。”

这确实是真的。绵羊已经数出其中 4 个罐子里总共装着 220 颗糖果，而第五个罐子里所装的糖果比所有罐子里糖果数的平均值少 20 颗。

第五个罐子里装有多少颗糖果？

解答见第 162 页

清风穿林

这位可怜的骑士肯定**不是**好骑手。

像往常一样，骑士从马上摔了下来。在此之前，他一直以每小时 9 英里①的速度在树林中疾驰。他的马虽然没说什么（它通常非常能容忍），但显然拒绝在没有合适的马鞍的情况下继续前行，因为马鞍上既没有装着一捆捆的胡萝卜，也没有装上火炉用具和其他许多东西。

骑士感到很懊悔，他以每小时 3 英里的速度步行返回。他发现他在出发整整 8 小时后才回到马厩。

他把马留在树林里离马厩多远的地方？

① 1 英里 ≈ 1.6 千米。——译注

解答见第 163 页

再猜一个

“你猜出这个谜语了吗？”疯帽子问。

“没有，我放弃了。”爱丽丝回答。她不知道乌鸦为什么会像写字台。她想，也许这与它们俩都在做笔记有关，但这似乎不太对。“那答案是什么？”

“我一点也不知道。”疯帽子说。

爱丽丝疲倦地叹了口气。她说：“我认为你可以去做些更有益的事情，而不是把时间浪费在问那些没有答案的谜语上。”

“嗯，这里有一个确实有答案的谜语，”疯帽子说，“什么东西你可以把它的全部（whole）拿走，但还剩下一些（some）？”

解答见第163页

互惠迫移

红骑士和白骑士正在为爱丽丝而战。

作战双方要遵守一些战斗规则。爱丽丝不清楚这些规则究竟是什么。“其中一条规则似乎是，如果一位骑士击中了另一位，他就把他从马上打下来；如果他没击中，他自己就会从马上摔下来。另一条规则似乎是，他们用胳膊夹着棍棒，好像他们是潘趣和朱迪[①]那样。他们摔下来时发出多大的声音啊！”

新的一个回合即将开始。如果白骑士从他自己的马上摔下来，那么他赢得的回合数就会与红骑士相同；但如果他将对手从马上打下来，那么他赢得的同合数就会是红骑十的两倍。

在这一轮开始之前，两位骑士各赢了多少个回合？

①《潘趣和朱迪》（*Punch and Judy*）是一部英国传统木偶剧，剧中的主要人物是潘趣先生和他的妻子朱迪。——译注

解答见第 **163** 页

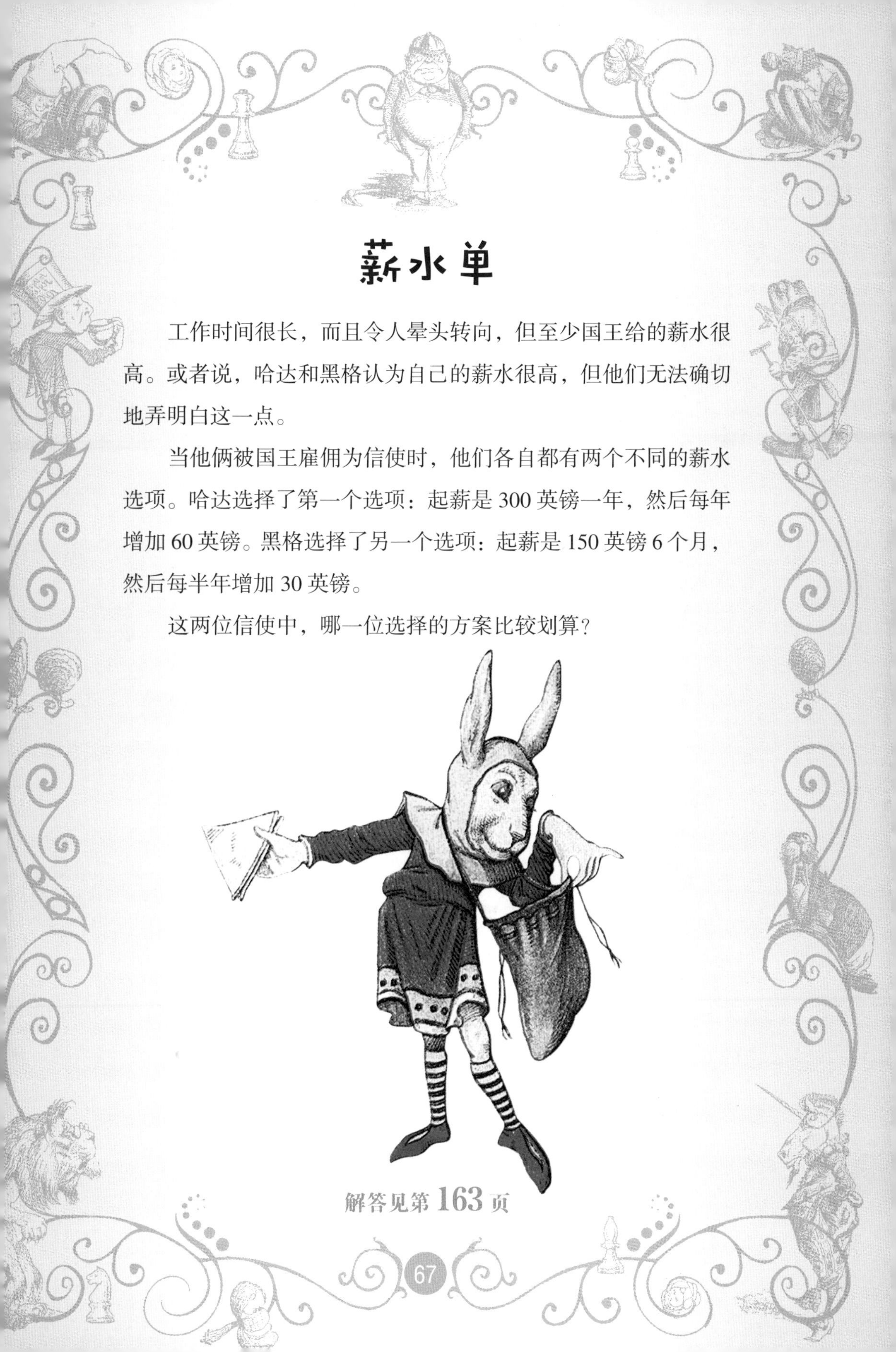

薪水单

工作时间很长，而且令人晕头转向，但至少国王给的薪水很高。或者说，哈达和黑格认为自己的薪水很高，但他们无法确切地弄明白这一点。

当他俩被国王雇佣为信使时，他们各自都有两个不同的薪水选项。哈达选择了第一个选项：起薪是 300 英镑一年，然后每年增加 60 英镑。黑格选择了另一个选项：起薪是 150 英镑 6 个月，然后每半年增加 30 英镑。

这两位信使中，哪一位选择的方案比较划算？

解答见第 163 页

刑事谜题

哈达在监狱里等待着审判，也等待着一个机会去真正犯下他被惩罚的罪行。

卫兵给他的东西只有一些充当食物的牡蛎壳、一支笔和下面这道谜题：

用 5 条直线段穿过所有这 12 只牡蛎，不能让笔离开纸面，也不能穿过任何一只牡蛎两次以上。这些线可以相互交叉，但必须结束在开始的那只牡蛎处，这样才能形成一个闭合回路。

哈达是如何完成这道谜题的？

解答见第 164 页

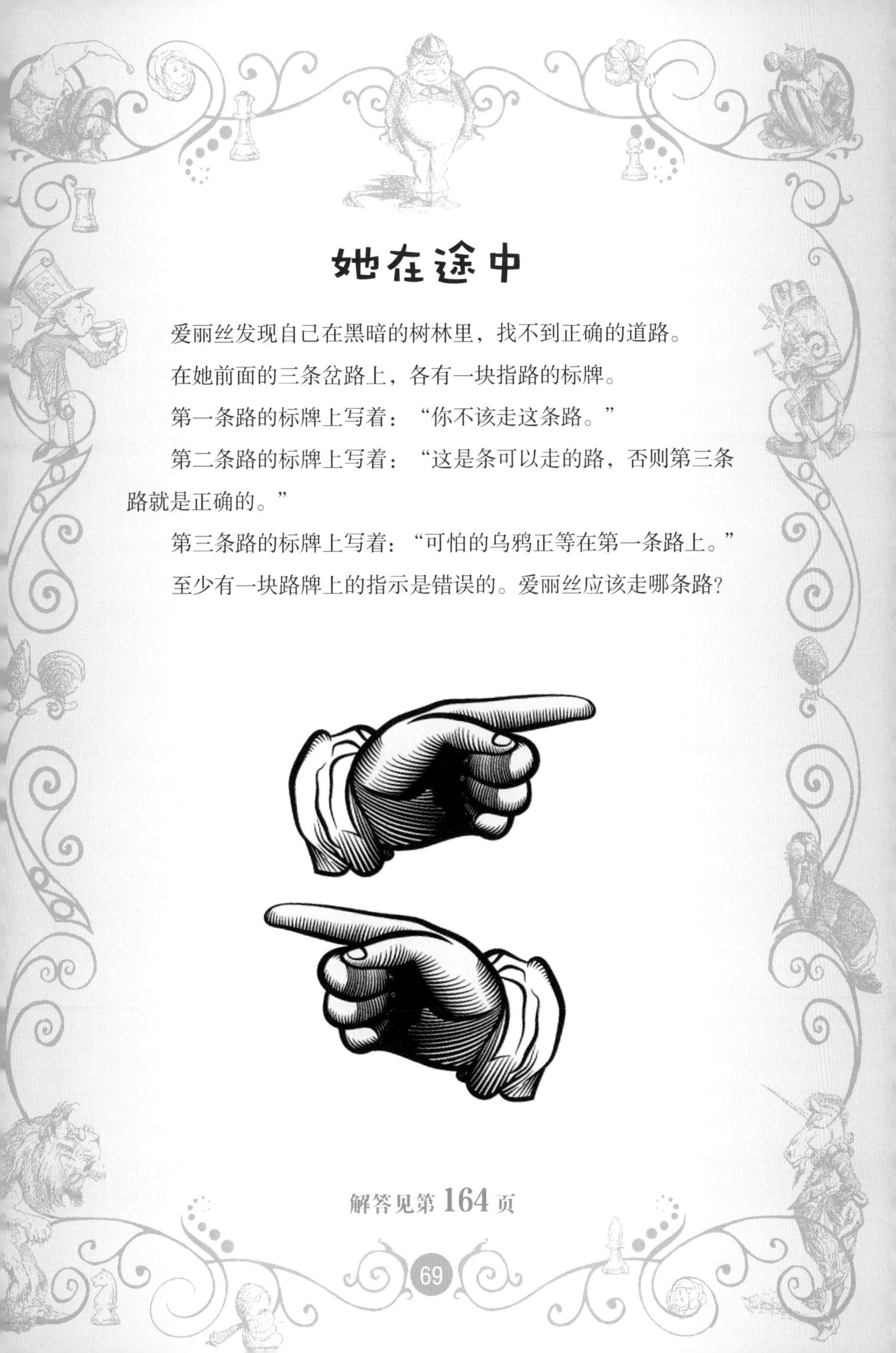

她在途中

爱丽丝发现自己在黑暗的树林里，找不到正确的道路。

在她前面的三条岔路上，各有一块指路的标牌。

第一条路的标牌上写着：“你不该走这条路。”

第二条路的标牌上写着：“这是条可以走的路，否则第三条路就是正确的。”

第三条路的标牌上写着：“可怕的乌鸦正等在第一条路上。”

至少有一块路牌上的指示是错误的。爱丽丝应该走哪条路？

解答见第 **164** 页

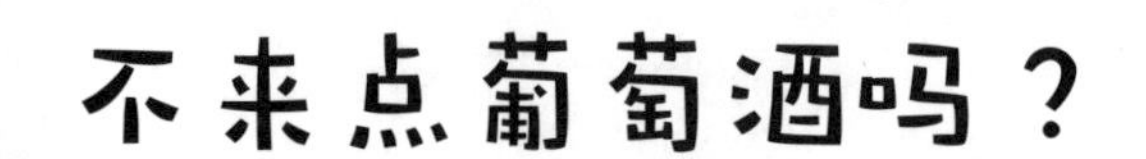

不来点葡萄酒吗？

宴会上的客人们已经唱了一段时间了。成百上千的声音加入了这首歌的最后合唱部分：

“下面用糖浆、廉价酒或任何其他好喝的饮料装满杯子：将沙子与苹果酒混合，将羊毛与葡萄酒混合——然后用 90 乘以 9 欢迎爱丽丝王后！”

“90 乘以 9 等于 810，”爱丽丝心想，“我不知道有没有人在清点。”

他们并没有清点：红王后、白王后和白骑士各自带了 7 桶葡萄酒来参加宴会。

这个夜晚结束时，当兽类、鸟类和花都蹒跚着走出大厅时，他们看到有 7 个桶已经空了，有 7 个桶是半满的，还有 7 个桶原封未动。两位王后和白骑士想公平地分享这些，这样他们仨可以平等地得到这些葡萄酒和桶。

除了这些桶本身以外，没有任何其他测量设备，他们要如何做到这一点？

解答见第 165 页

离巢

“啊，蛇！”鸽子说。

“但我要告诉你，我不是蛇！”爱丽丝说，“我是个小女孩。”

“这像是一个可信的故事！”鸽子用一种极其轻蔑的语气说，“我这辈子见过很多小女孩，但从来没有一个长着像你这样的脖子。而且你应该不小了！”

“那只是因为我比你大，”爱丽丝说，她总是准备着迎接一场激烈的辩论，“我可以向你保证，我是个小女孩。”

“那么，你多大了？”鸽子问。

“噢，天哪，这一切是多么令人费解啊！”爱丽丝想。即使在最好的情况下，这也是一个复杂的问题，但现在肯定不是最好的情况之一。

“上一个生日我 6 岁，下一个生日我就 8 岁了。”

这怎么可能？

解答见第 165 页

镜像：爱丽丝与公爵夫人

本页的各张小剪影中，只有一张是上页那张图片的真实镜像。那么，是哪一张呢？

解答见第165页

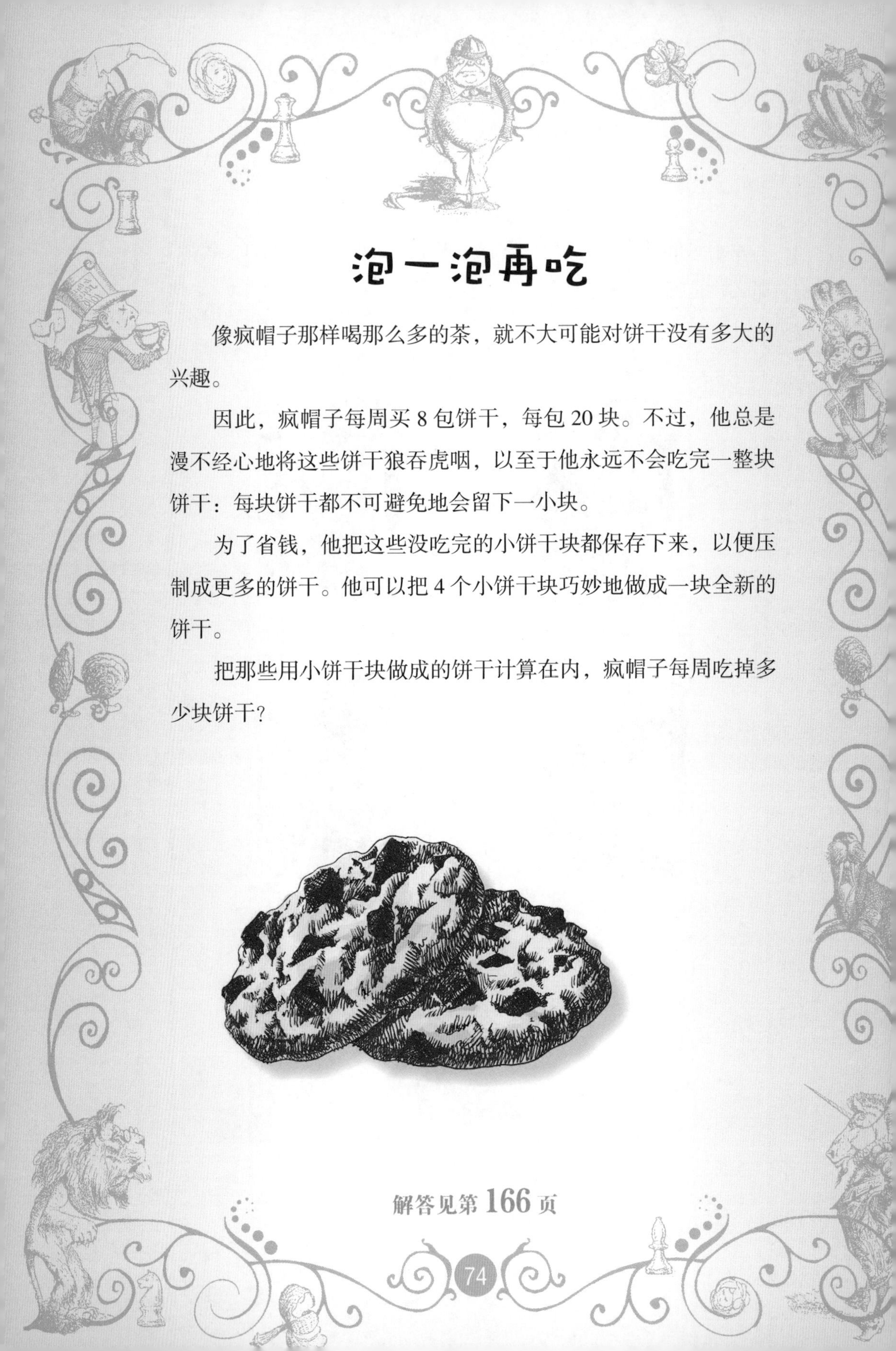

泡一泡再吃

像疯帽子那样喝那么多的茶，就不大可能对饼干没有多大的兴趣。

因此，疯帽子每周买 8 包饼干，每包 20 块。不过，他总是漫不经心地将这些饼干狼吞虎咽，以至于他永远不会吃完一整块饼干：每块饼干都不可避免地会留下一小块。

为了省钱，他把这些没吃完的小饼干块都保存下来，以便压制成更多的饼干。他可以把 4 个小饼干块巧妙地做成一块全新的饼干。

把那些用小饼干块做成的饼干计算在内，疯帽子每周吃掉多少块饼干？

解答见第 166 页

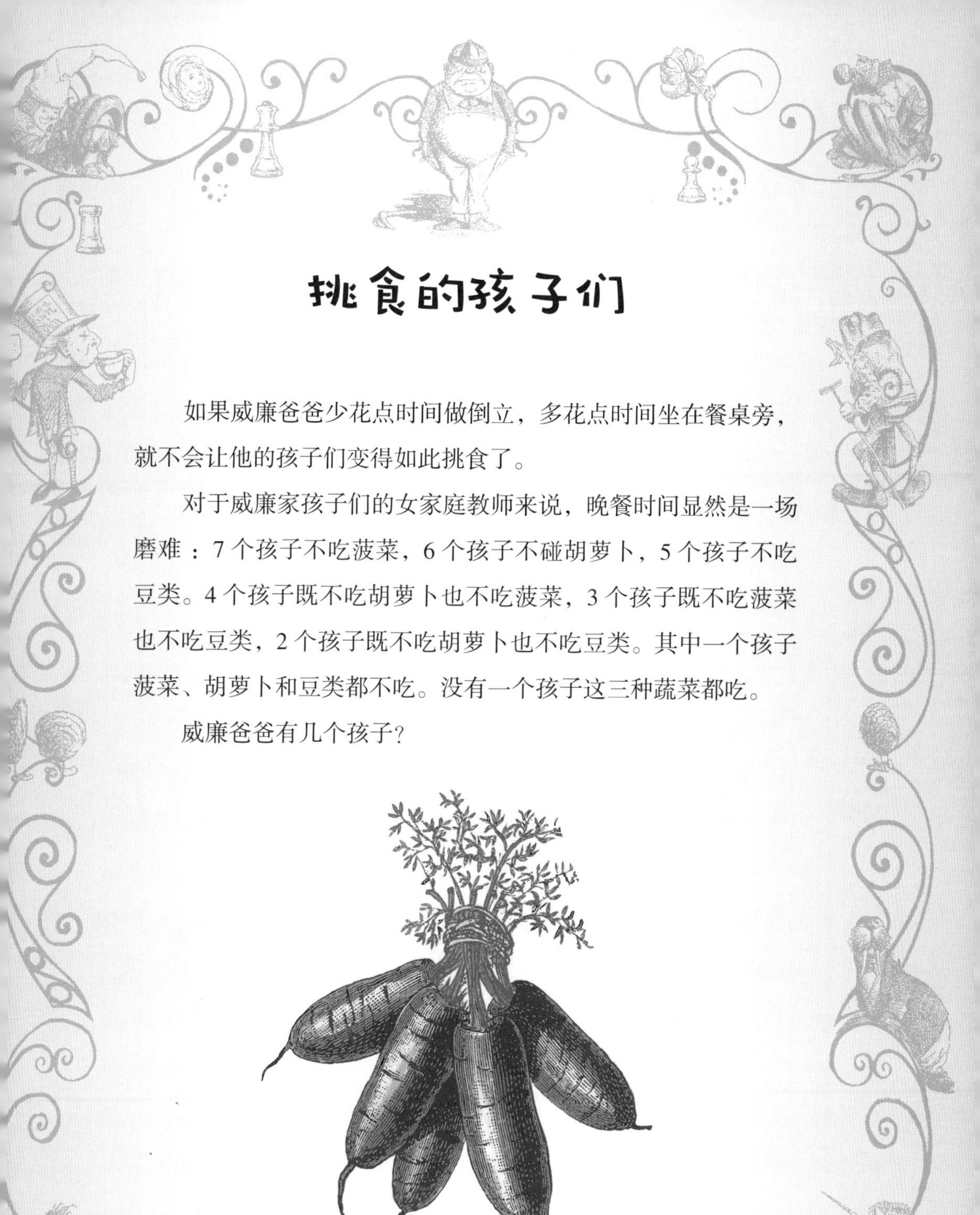

挑食的孩子们

如果威廉爸爸少花点时间做倒立，多花点时间坐在餐桌旁，就不会让他的孩子们变得如此挑食了。

对于威廉家孩子们的女家庭教师来说，晚餐时间显然是一场磨难：7 个孩子不吃菠菜，6 个孩子不碰胡萝卜，5 个孩子不吃豆类。4 个孩子既不吃胡萝卜也不吃菠菜，3 个孩子既不吃菠菜也不吃豆类，2 个孩子既不吃胡萝卜也不吃豆类。其中一个孩子菠菜、胡萝卜和豆类都不吃。没有一个孩子这三种蔬菜都吃。

威廉爸爸有几个孩子？

解答见第 166 页

找不同：爱丽丝惹怒陪审团

本页的这张图片几乎是上页图片的完美镜像，但它们有 10 个不同之处，你能把它们找出来吗?

解答见第 167 页

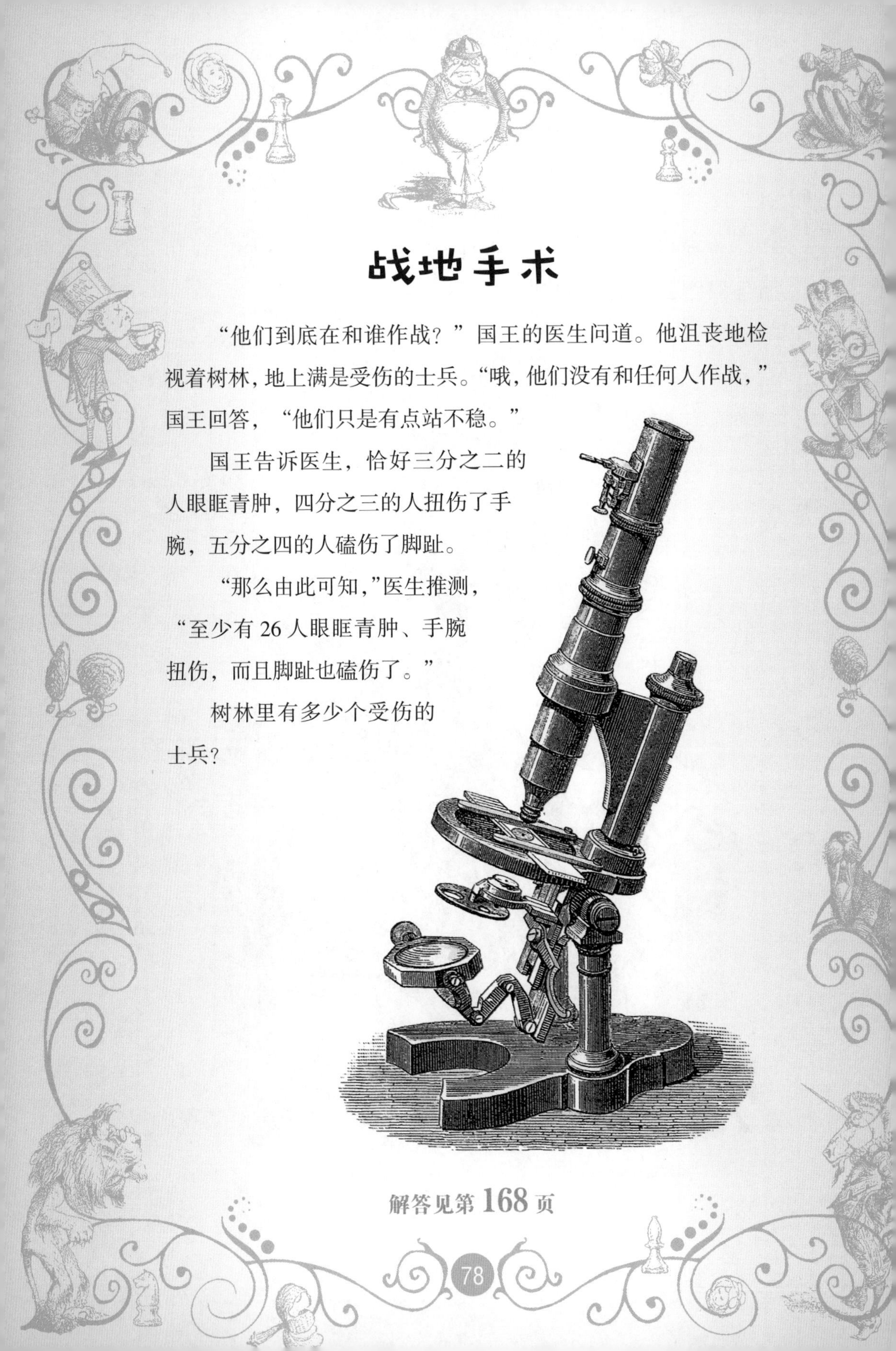

战地手术

“他们到底在和谁作战？”国王的医生问道。他沮丧地检视着树林，地上满是受伤的士兵。“哦，他们没有和任何人作战，”国王回答，“他们只是有点站不稳。”

国王告诉医生，恰好三分之二的人眼眶青肿，四分之三的人扭伤了手腕，五分之四的人磕伤了脚趾。

“那么由此可知，”医生推测，“至少有 26 人眼眶青肿、手腕扭伤，而且脚趾也磕伤了。”

树林里有多少个受伤的士兵？

解答见第 168 页

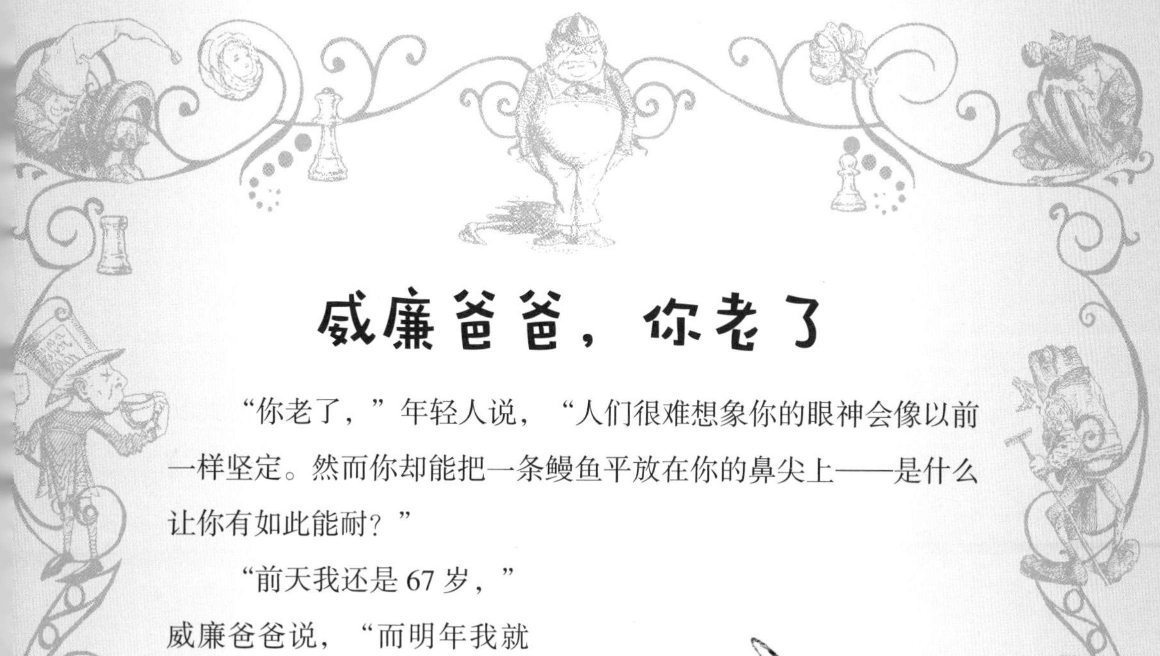

威廉爸爸，你老了

“你老了，”年轻人说，“人们很难想象你的眼神会像以前一样坚定。然而你却能把一条鳗鱼平放在你的鼻尖上——是什么让你有如此能耐？”

“前天我还是 67 岁，”威廉爸爸说，“而明年我就会到 70 岁了！”

这怎么可能呢？

解答见第 168 页

通风良好[1]的环境

火车上的乘客们正在以他们固有的方式发出嘘声。“对此我很抱歉，”警卫从窗口探头进来说，“我们这条线路上没有任何树叶。”

“这不是一件好事吗？”爱丽丝问警卫，但他已经离开了。

“当然不是好事啦！否则火车怎么能在没有点火的情况下行驶呢？”穿着白纸衣服的绅士说。就在这一刻，他开始担心其他乘客很快就会意识到他身上覆盖着这种东西。

山羊没等有人问他，就拿出了他以备不时之需而随身携带的那副国际跳棋。“我是个国际跳棋人。”他对着整节车厢说，而大家并没有欣赏他的笑话。

爱丽丝、甲虫、马和穿着白纸衣服的绅士同意和山羊一起玩国际跳棋，以分散自己的注意力。当铁路公司的人带着装满树叶的袋子到达时，每个人都和其他人玩过一盘国际跳棋了。

他们一共玩了几盘国际跳棋？

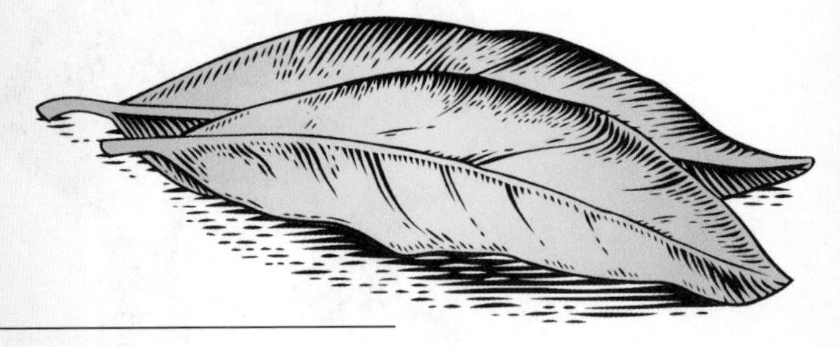

① 原文是 draught，可以表示“通风良好的”，也可以表示“国际跳棋”，因此有双关的意思。——译注

解答见第 168 页

财富公平地再分配

不知出于什么原因，威廉爸爸的兄弟也被人称为威廉爸爸。这位威廉爸爸有 12 个孩子。

这位威廉爸爸在给儿女们零花钱时不是一视同仁的，因此他的 9 个男孩和 3 个女孩为了公平，商定平分他们的零花钱。

每个男孩给每个女孩一笔相等的钱，每个女孩又给每个男孩另一笔相等的钱，这样每个孩子拥有的便士数就完全相同了。

每个孩子可能拥有的最少便士数是多少？

解答见第 169 页

我是蛋人

最糟糕的事情不可避免地发生了：蛋头先生重重地摔了一跤。带着渺茫的希望，军队向着这只处于危险之中的蛋进发。

国王心想："这是他自找的。"但尽管如此，诺言毕竟是诺言。他亲口向蛋头先生保证过，如果发生与墙有关的不幸，他就会派出他所有的兵马。要是他没有忘记他有那么多兵、那么多马就好了。

考虑到这支军队排起来有 40 英里长，因此检阅这些兵马对于国王来说是一项令人精疲力竭的壮举。尽管如此，他还是从队末策马奔驰到队首，然后再返回队末，在此期间，军队向前推进了 40 英里。

国王骑马跑了多远？

解答见第 169 页

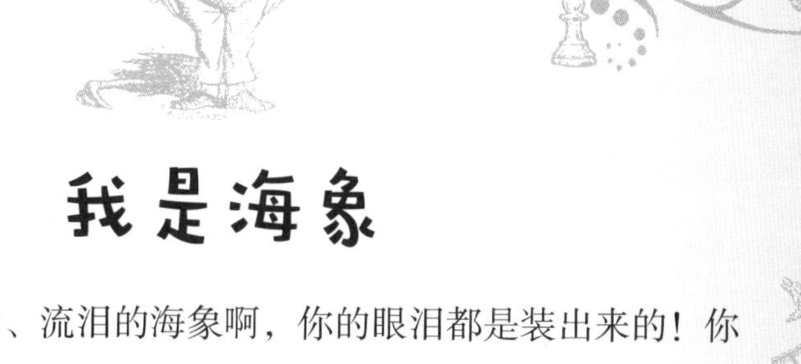

我是海象

“哦，悲哀的、流泪的海象啊，你的眼泪都是装出来的！你对牡蛎的贪婪甚至超过了孩子们对果酱的贪食。”

这首诗已经在海象的脑海里萦绕了太久，以至于他没有注意到它是怎么出现的，也不知道它是哪里来的。这一天是星期五，在这 5 天里，他迫不及待地吃掉了整整 30 只牡蛎。他每天都比前一天多吃 3 只牡蛎，一边哭一边吃。

海象星期一吃了多少只牡蛎？

解答见第 170 页

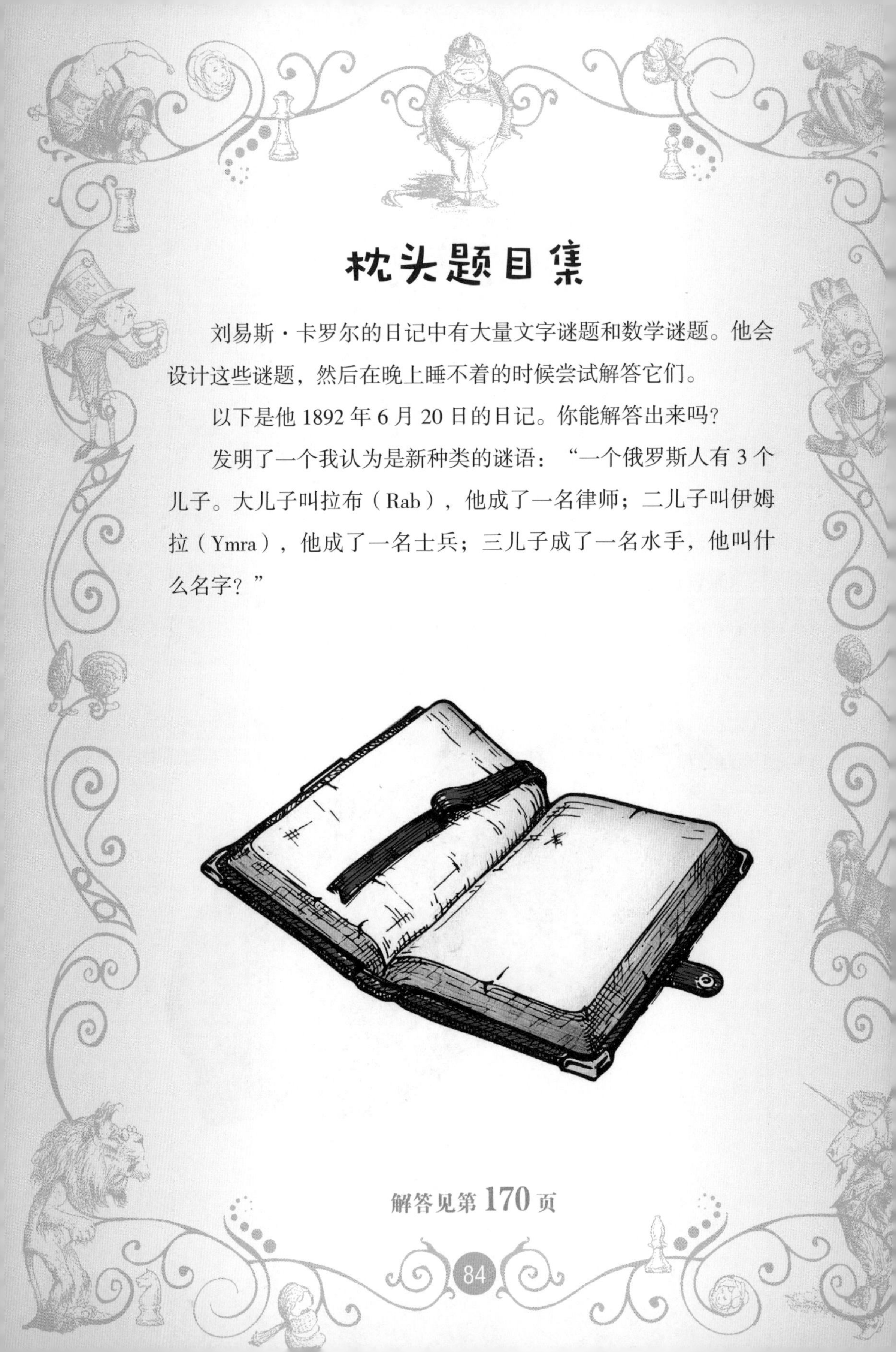

枕头题目集

刘易斯·卡罗尔的日记中有大量文字谜题和数学谜题。他会设计这些谜题，然后在晚上睡不着的时候尝试解答它们。

以下是他 1892 年 6 月 20 日的日记。你能解答出来吗？

发明了一个我认为是新种类的谜语："一个俄罗斯人有 3 个儿子。大儿子叫拉布（Rab），他成了一名律师；二儿子叫伊姆拉（Ymra），他成了一名士兵；三儿子成了一名水手，他叫什么名字？"

解答见第 170 页

半斤八两的陪审团

考虑到红桃王后经常指控她的臣民犯罪，法庭接受陪审员就不足为奇了，就像红桃J接受馅饼那样。

到目前为止，还剩下30个家伙有资格成为陪审员，其中大多数人相当愚笨。召集陪审员的方式大体上与召集王室法庭一样简单：一个桶里装满了羊皮纸卷，正好够每位符合资格的陪审员抽取，其中两个纸卷中有传票。然后，这些家伙轮流抽取纸卷，两个抽到传票的人将加入目前的陪审团（陪审团每天会失去两名成员，通常是法庭官员将他们放在帆布袋里，并坐在他们上面……）。

对蜥蜴比尔来说，第一个抽，或者在第一张传票已被抽走的情况下第十个抽，他在哪种情况下不成为陪审员的概率会更高？

解答见第170页

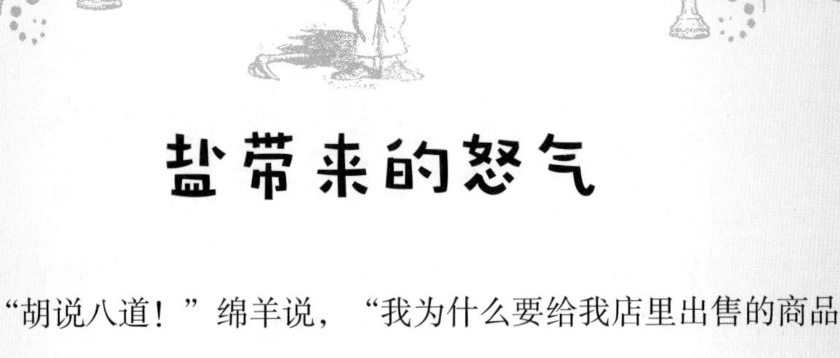

盐带来的怒气

“胡说八道！”绵羊说，“我为什么要给我店里出售的商品贴上标签？”

“那样的话，你的顾客不就能知道他们在买什么了？”爱丽丝回答。

“如果他们如此坚持的话，那他们可以来问我啊。”

“那么，这些是什么？”爱丽丝指着一个架子问，架子上放着 12 个没有标签的麻袋。

绵羊看着这个女孩，好像她说了什么蠢话似的。

“这些是我在店里出售的商品。”

又经过了好几分钟模糊不清和晦涩难懂的对话，绵羊最终向爱丽丝解释说，其中 11 个麻袋里装着糖，1 个麻袋里装着盐。不出所料，绵羊弄不清楚哪个麻袋里面是什么，甚至对答案更不感兴趣。

这至少有些帮助：爱丽丝想买 4 麻袋糖。此外，她还记得有人曾经告诉过她，盐稍微重一点，在那一刻之前，她还一直觉得这一点极其无聊。

只用商店里的大天平秤称一次，爱丽丝怎么能确定她买到了 4 麻袋糖？

解答见第 171 页

哦，不开心的日子

杀死了炸脖龙的这个得意洋洋的男孩不想表现得不礼貌，但是他原本希望他的努力能得到更常见的回报。

当他再次在塔姆塔姆树旁休息，陷入暴躁的思绪中时，当地的社会服务人员已经走近了他。这个人带着一种独特的面部表情。当人们不再需要担心一条炸脖龙呼啸着穿过树林，毁掉他们的星期二时，就会出现这样的表情。你应该知道他看起来是什么样子的吧。

这位社会服务人员坐在男孩面前的地上，展开一条天鹅绒。在这条天鹅绒上有一些硬币：一枚是金币，一枚是银币，第三枚是铜币。

“要想得到其中一枚硬币，你必须说一句真话，” 这位社会服务人员语气中的歉意让男孩不怎么喜欢，“如果你说的是假话，那么你将一无所获。”

男孩该说什么来确保他能得到那枚金币？

解答见第171页

“我很抱歉，”爱丽丝说，“请你再说一遍好吗？”

蛋头先生看着她，仿佛他正在跟一个特别迟钝的孩子说话。她可不喜欢这样。

“这并不复杂，”他夸张地叹了口气，“如果一只半母鸡每一天半能下一个半蛋，那么几只每一天半多下半个蛋的母鸡在一周半的时间里能下十个半蛋呢？”

爱丽丝的目光已经向下游离到了墙上。“我很抱歉，”她说，“请你……”

蛋头先生的问题的答案是什么？

解答见第 171 页

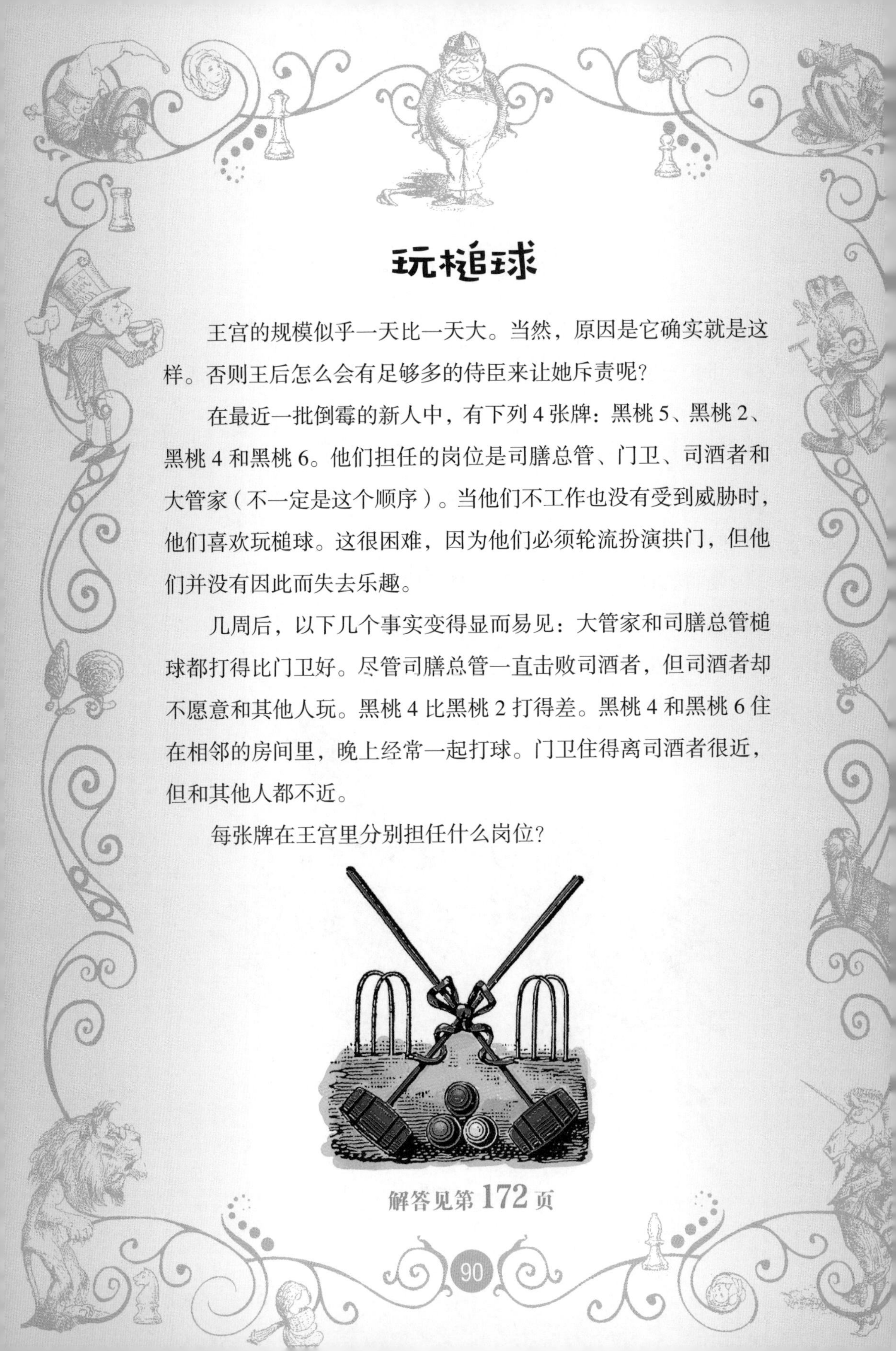

玩槌球

王宫的规模似乎一天比一天大。当然，原因是它确实就是这样。否则王后怎么会有足够多的侍臣来让她斥责呢?

在最近一批倒霉的新人中，有下列 4 张牌：黑桃 5、黑桃 2、黑桃 4 和黑桃 6。他们担任的岗位是司膳总管、门卫、司酒者和大管家（不一定是这个顺序）。当他们不工作也没有受到威胁时，他们喜欢玩槌球。这很困难，因为他们必须轮流扮演拱门，但他们并没有因此而失去乐趣。

几周后，以下几个事实变得显而易见：大管家和司膳总管槌球都打得比门卫好。尽管司膳总管一直击败司酒者，但司酒者却不愿意和其他人玩。黑桃 4 比黑桃 2 打得差。黑桃 4 和黑桃 6 住在相邻的房间里，晚上经常一起打球。门卫住得离司酒者很近，但和其他人都不近。

每张牌在王宫里分别担任什么岗位?

解答见第 172 页

太阳不见了

河岸边，爱丽丝坐在姐姐身旁无所事事，她开始感到厌倦了。

炎热的天气让她感到非常困倦、神思恍惚，她几乎想不起暑假已经过了多久。除了突然变热外，天气一直多变，几乎没有几个她渴望的金色午后。

这场雨已经下了 13 天了，虽然每当上午下雨的时候，下午都是晴朗的；而每一个下雨的下午，之前都会有一个晴朗的上午。总共有 11 个晴朗的上午和 12 个晴朗的下午。爱丽丝在计数时没有把当天考虑在内，因为很明显，在她们坐着的这条河岸边不会发生什么有趣的事情。

暑假已经过了多少天？

解答见第 **172** 页

第3章

困难谜题

残酷而不寻常的惩罚

镜中世界的司法制度还有很多不尽如人意之处。在一个完全相反的世界里，这也许是意料之中的。

可怜的哈达是这种草率司法审判的最新受害者，他在审判开始前就被关进监狱接受惩罚。通常，哈达的狱卒会给他带一些牡蛎壳作为晚餐，但有一天傍晚——不清楚是出于同情还是无聊——他带来了两个大罐子。

狱卒解释说，这是一个获得自由的机会。其中一个罐子里装着 100 颗红色的弹珠，另一个罐子里装着 100 颗白色的弹珠，哈达可以随心所欲地将这些弹珠重新分配到这两个罐子里。当他完成后，这两个罐子会被彻底晃匀，他会被蒙上眼睛，然后随机地给他一个罐子。此时，如果哈达从这个罐子里拿出一颗红色的弹珠，他就会被释放。如果他选到的是一颗白色的弹珠，那么他将不得不无限期地待在那里，或者至少等到狱卒再次感到无聊并同情他。

哈达应该如何分配这些弹珠，才能得到最佳的获释机会？

解答见第 174 页

说不清是惊讶还是失望。爱丽丝发现，宴会在她还没有到场的情况下就开始了。

当她走进大厅时，她的眼光沿着桌子忐忑不安地扫了一下。那里有各式各样的客人：有些是兽类，有些是鸟类，甚至还有几朵花。

尽管他们在大小、形状和光合作用能力方面存在着诸多差异，但都是每两位客人分享一盘汤，每三位客人分享一盘鱼，每四位客人分享一盘羊肉。爱丽丝数了数，桌上一共有 65 个盘子。有多少位客人参加了这场宴会？

解答见第 174 页

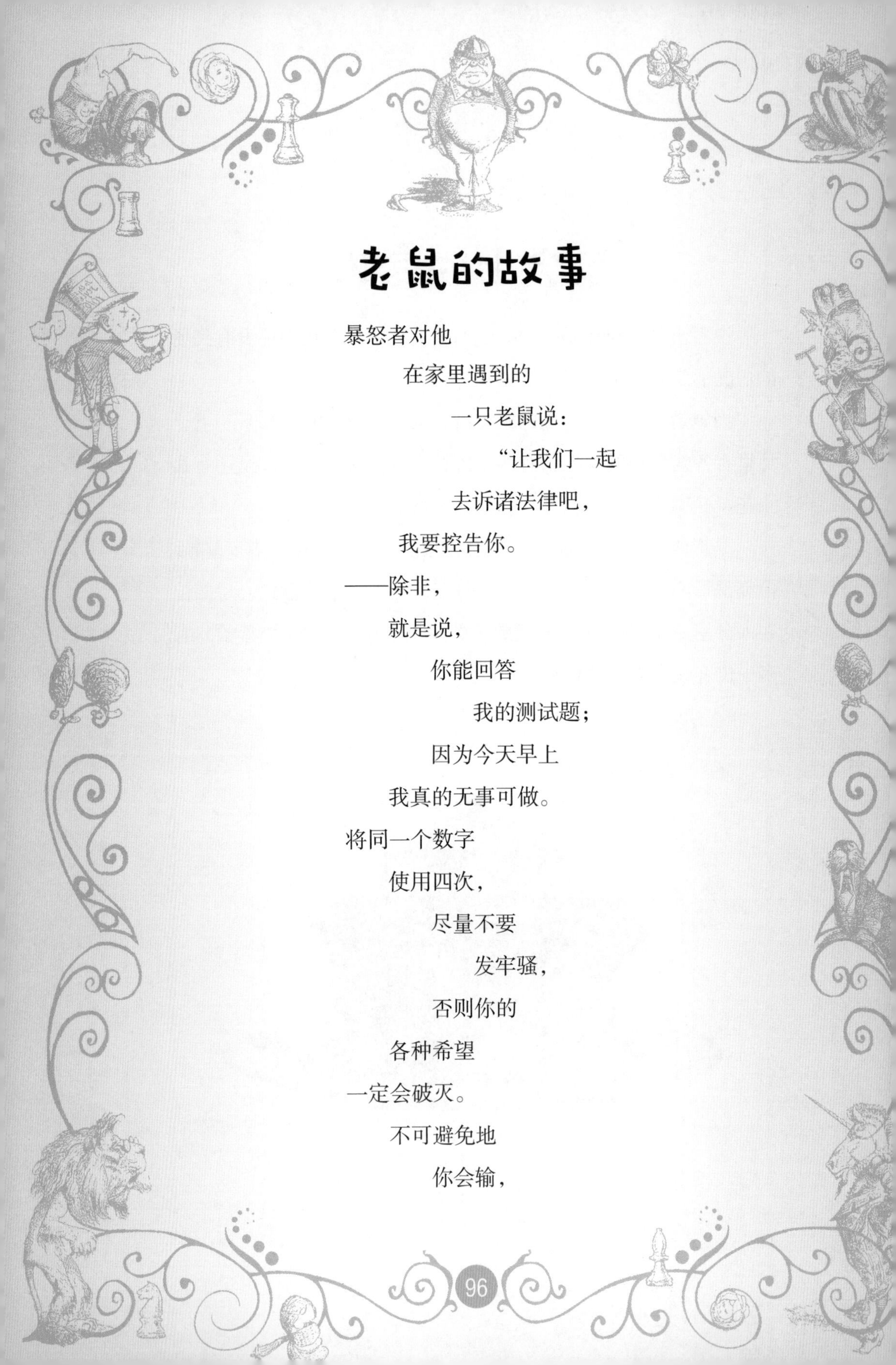

老鼠的故事

暴怒者对他

在家里遇到的

一只老鼠说：

“让我们一起

去诉诸法律吧，

我要控告你。

——除非，

就是说，

你能回答

我的测试题；

因为今天早上

我真的无事可做。

将同一个数字

使用四次，

尽量不要

发牢骚，

否则你的

各种希望

一定会破灭。

不可避免地

你会输，

但尝试一下

选用任何数学符号，

然后得出

三百这个数。”

老鼠给了狡猾的暴怒者什么等式从而捡回一命呢？

解答见第 174 页

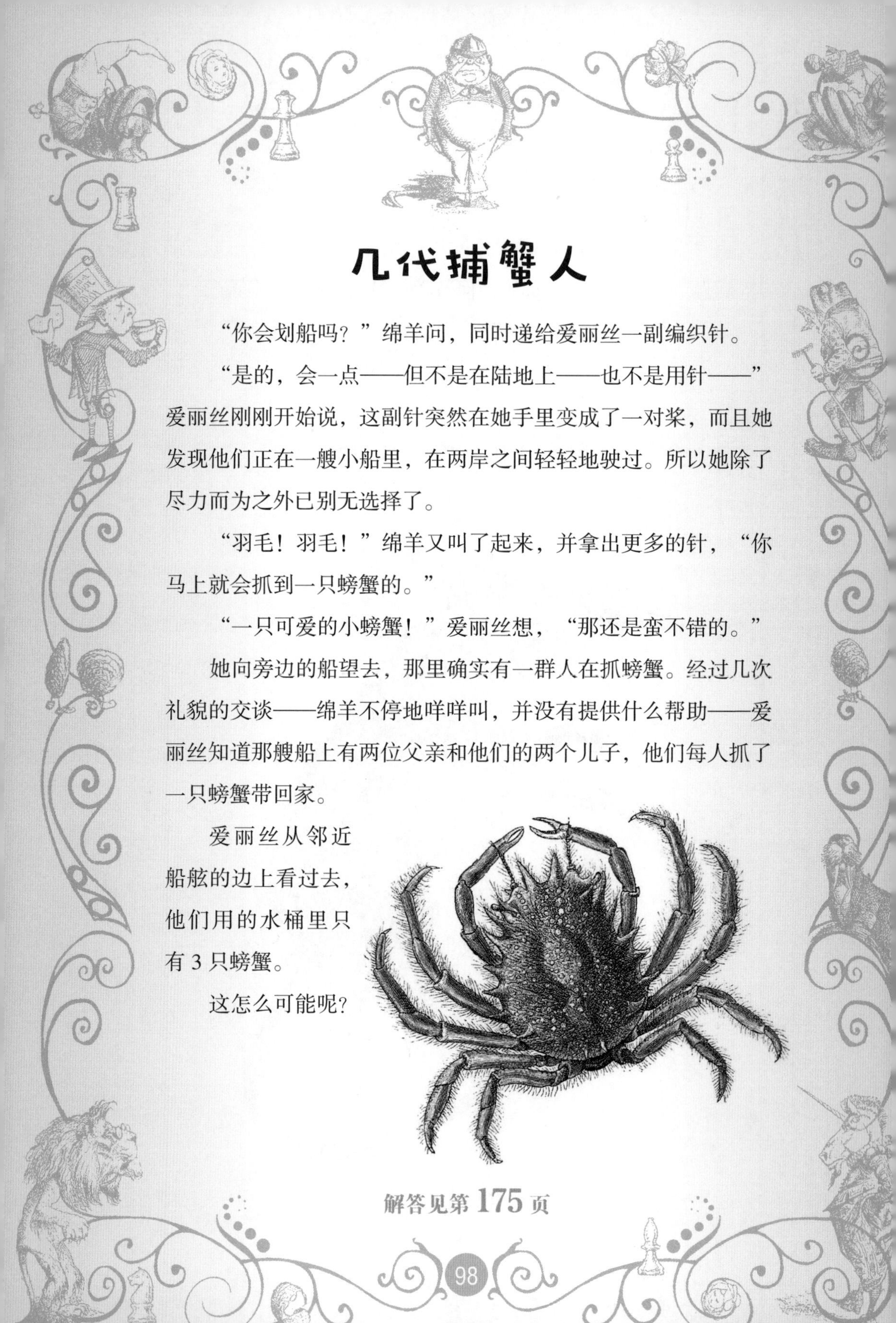

几代捕蟹人

“你会划船吗？”绵羊问，同时递给爱丽丝一副编织针。

“是的，会一点——但不是在陆地上——也不是用针——”爱丽丝刚刚开始说，这副针突然在她手里变成了一对桨，而且她发现他们正在一艘小船里，在两岸之间轻轻地驶过。所以她除了尽力而为之外已别无选择了。

“羽毛！羽毛！”绵羊又叫了起来，并拿出更多的针，“你马上就会抓到一只螃蟹的。”

“一只可爱的小螃蟹！”爱丽丝想，“那还是蛮不错的。”

她向旁边的船望去，那里确实有一群人在抓螃蟹。经过几次礼貌的交谈——绵羊不停地咩咩叫，并没有提供什么帮助——爱丽丝知道那艘船上有两位父亲和他们的两个儿子，他们每人抓了一只螃蟹带回家。

爱丽丝从邻近船舷的边上看过去，他们用的水桶里只有3只螃蟹。

这怎么可能呢？

解答见第175页

一块蛋糕

“怪兽，把李子蛋糕递过来。”狮子说着，躺了下来，并把他的下巴放在爪子上。他对国王和独角兽说：“你们两个都坐下，要知道，蛋糕需要被公平分配！”

爱丽丝坐在一条小溪的岸边，膝盖上放着那个大盘子，准备用刀把盘子上的蛋糕认真地切开。她要把这个圆形的李子蛋糕分给自己、国王、狮子、独角兽、哈达、黑格和国王的两个最饥饿的手下。

爱丽丝如何用刀将蛋糕直切三刀，且没有移动其中任何一块，就使每个人都公平地分到了一块？

解答见第 175 页

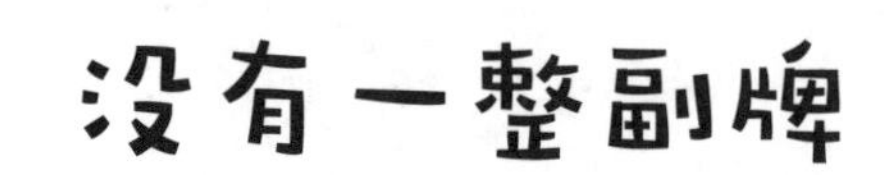

没有一整副牌

年迈的老人和白骑士在玩牌。考虑到老人坚持要继续坐在大门上，因此这并不像白骑士希望的那么容易。

他们玩的游戏很简单，白骑士声称是他自己发明的。可以说，这甚至不是一个真正的游戏。他们各自有一副52张牌，要想赢得比赛，他们需要在最初的两次随机抽取中抽出两张A。

年迈的老人说，如果他在第一轮中抽出了一张A，那么他将把它放回那副牌中，然后再抽第二轮。而白骑士则宣称，如果他在第一轮中抽出了一张A，那么他将把它放在一边，然后再抽第二轮。

值得注意的是，这两人在第一轮中确实都从他们的那副牌中抽出了一张A。那么谁更有可能赢得比赛？

解答见第176页

撒谎的兔子

烟囱的形状像耳朵，屋顶上盖着毛皮。那一定是三月兔的家。

爱丽丝之所以选择去拜访，是因为她认为，既然这会儿是五月份，那三月兔就不会发疯，或者至少不会像三月份时那么疯。

关于这件事，她想错了。虽然三月兔在星期一和星期二是完全清醒的，但在星期三和星期四，他认为所有的真命题都是假的，而所有假命题都是真的。雪上加霜的是，在星期一和星期三，三月兔会是完全诚实的，并说出他真正相信的事情，而在星期二和星期四，他说的话总是和他所相信的事情相反。

别担心，情况还会变得更糟：星期一和星期二下午，三月兔会举办茶话会，而星期三和星期四下午，三月兔会出去参加茶话会。在星期五、星期六和星期日，他会选择待在床上喝茶吃蛋糕，根本不和任何人说话。

鉴于爱丽丝所处的环境，这不足为奇。当爱丽丝看到三月兔时，她不知道那一天是星期几。如果只用一个简单的是非问题来弄清楚三月兔那天要干什么，那么她可以问哪一个问题？

解答见第 176 页

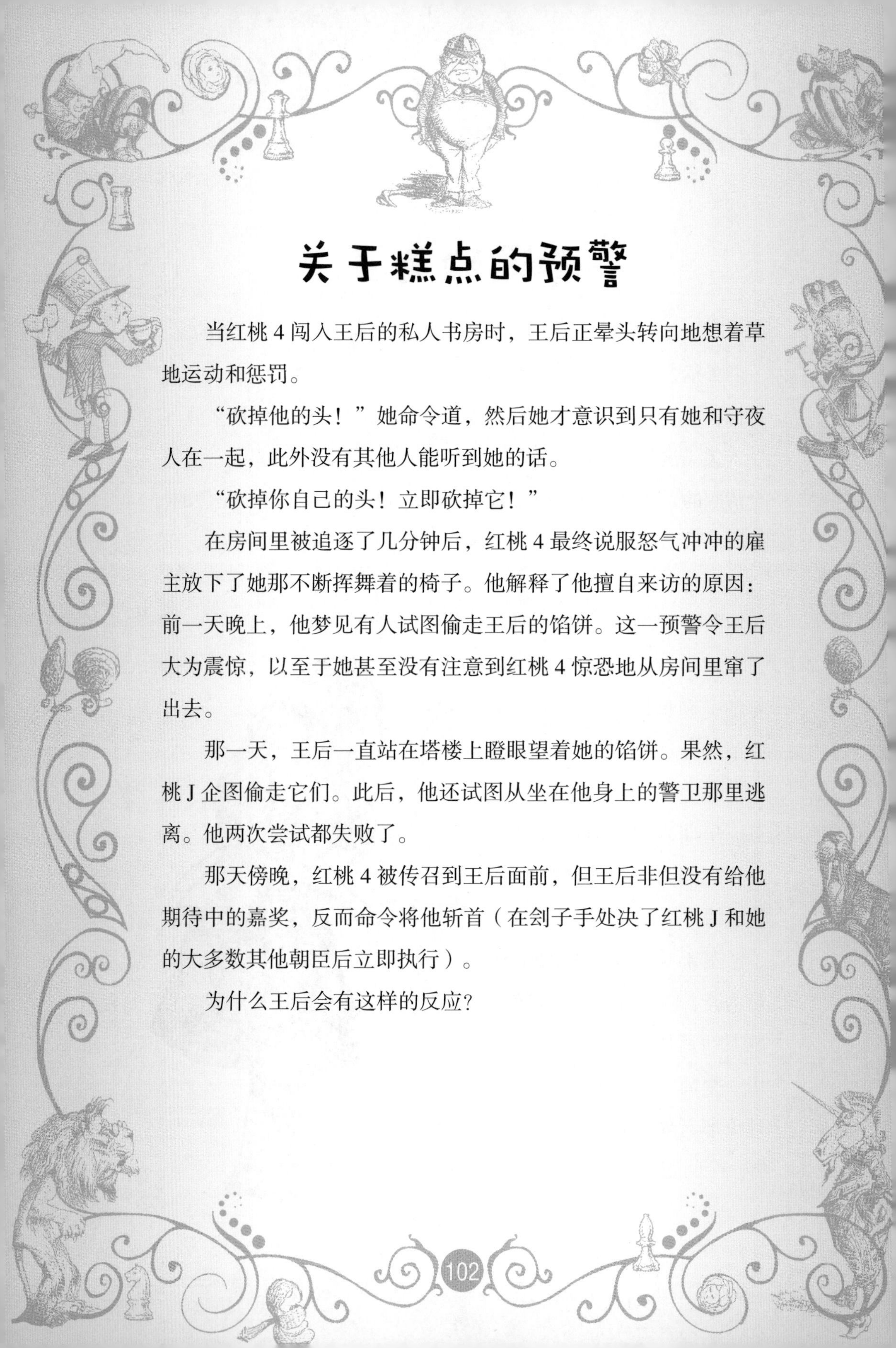

关于糕点的预警

当红桃 4 闯入王后的私人书房时，王后正晕头转向地想着草地运动和惩罚。

“砍掉他的头！”她命令道，然后她才意识到只有她和守夜人在一起，此外没有其他人能听到她的话。

“砍掉你自己的头！立即砍掉它！”

在房间里被追逐了几分钟后，红桃 4 最终说服怒气冲冲的雇主放下了她那不断挥舞着的椅子。他解释了他擅自来访的原因：前一天晚上，他梦见有人试图偷走王后的馅饼。这一预警令王后大为震惊，以至于她甚至没有注意到红桃 4 惊恐地从房间里窜了出去。

那一天，王后一直站在塔楼上瞪眼望着她的馅饼。果然，红桃 J 企图偷走它们。此后，他还试图从坐在他身上的警卫那里逃离。他两次尝试都失败了。

那天傍晚，红桃 4 被传召到王后面前，但王后非但没有给他期待中的嘉奖，反而命令将他斩首（在刽子手处决了红桃 J 和她的大多数其他朝臣后立即执行）。

为什么王后会有这样的反应？

解答见第 176 页

在瓷砖上

“也许镜子里的牛奶并不好喝。” 爱丽丝想。她蹑手蹑脚地穿过房子，走进厨房，想弄个明白。

在厨房里，爱丽丝没有见到餐桌上的牛奶，而且厨房的地板上也没有餐桌。这令人失望，但也意味着她可以观察地板上闪闪发光的黑白瓷砖。它们在房间里构成了一个由正方形组成的长方形：横向有 93 块瓷砖，纵向则有 231 块瓷砖。

爱丽丝的鞋子上还沾着壁炉里的煤灰，她从厨房的一角走到对角，留下的煤灰构成了一条直线段。这条煤灰线穿过了多少块瓷砖？

解答见第 177 页

进化的死胡同

“如果你匍匐前进，”蚊子说，“你就可以见到一只面包奶油蝶。它的翅膀是薄薄的奶油面包片，它的身体是一层面包皮，而它的头是一块糖。”

“它靠什么生存呢？”爱丽丝问。

“加奶油的红茶。”

爱丽丝突然想到了一个新的困境。“要是它找不到呢？”她提出。

“那它当然就会饿死啦。”

“但这种情况一定经常发生。”她若有所思地说。

“这是常有的事。”蚊子说。

然而，现在这个地区到处都有这种可怜的小动物发出的嗡嗡声。面包奶油蝶占树林里其他昆虫数量的25%。

在树林里的昆虫中，面包奶油蝶所占的百分比是多少？

解答见第 177 页

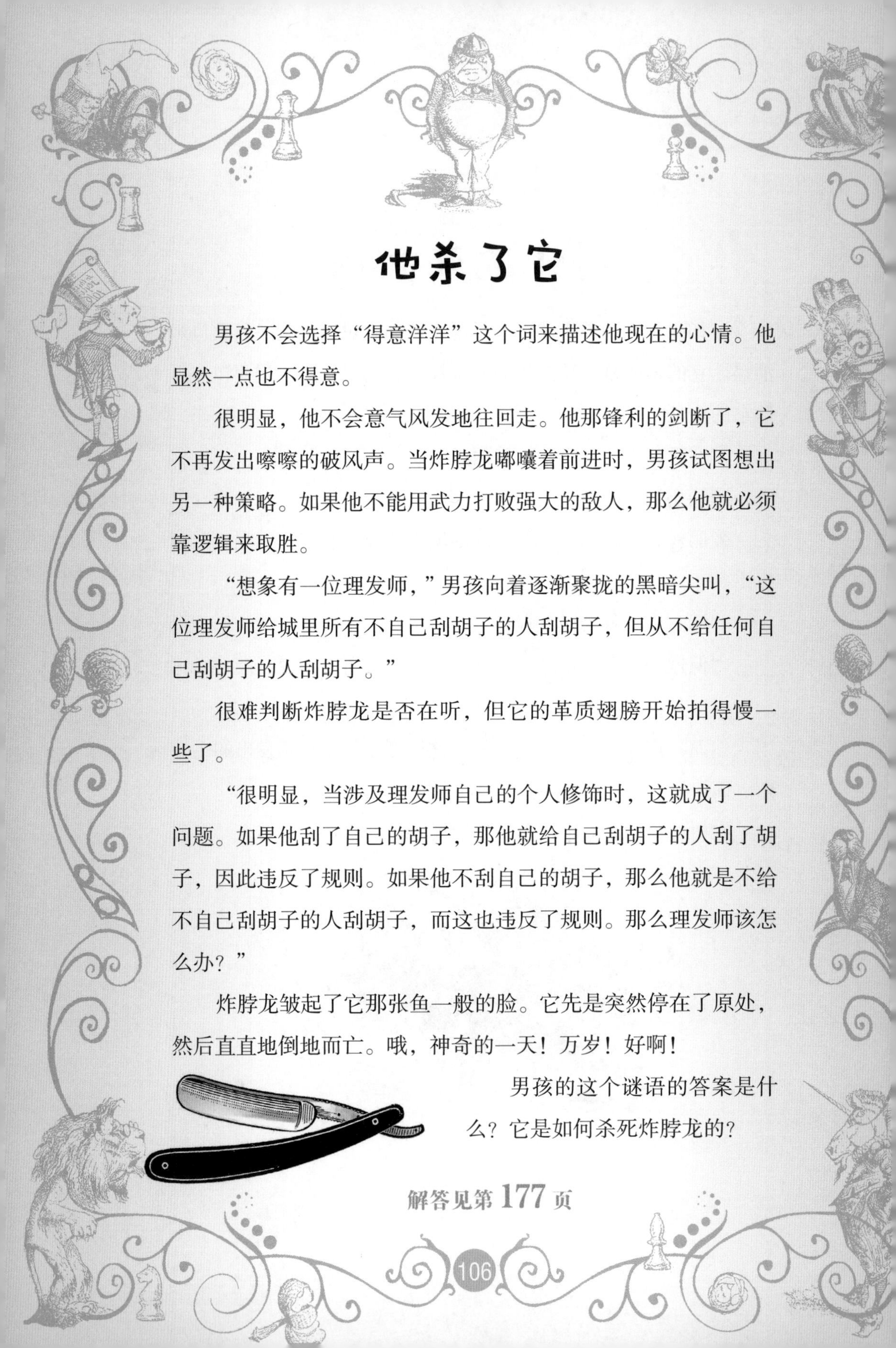

他杀了它

男孩不会选择“得意洋洋”这个词来描述他现在的心情。他显然一点也不得意。

很明显，他不会意气风发地往回走。他那锋利的剑断了，它不再发出嚓嚓的破风声。当炸脖龙嘟囔着前进时，男孩试图想出另一种策略。如果他不能用武力打败强大的敌人，那么他就必须靠逻辑来取胜。

“想象有一位理发师，”男孩向着逐渐聚拢的黑暗尖叫，“这位理发师给城里所有不自己刮胡子的人刮胡子，但从不给任何自己刮胡子的人刮胡子。”

很难判断炸脖龙是否在听，但它的革质翅膀开始拍得慢一些了。

“很明显，当涉及理发师自己的个人修饰时，这就成了一个问题。如果他刮了自己的胡子，那他就给自己刮胡子的人刮了胡子，因此违反了规则。如果他不刮自己的胡子，那么他就是不给不自己刮胡子的人刮胡子，而这也违反了规则。那么理发师该怎么办？”

炸脖龙皱起了它那张鱼一般的脸。它先是突然停在了原处，然后直直地倒地而亡。哦，神奇的一天！万岁！好啊！

男孩的这个谜语的答案是什么？它是如何杀死炸脖龙的？

解答见第 177 页

拿着一手牌的海象

海象和木匠陷入了沉默。就好像他们俩马上要睡着了，但其实他们并没有睡着。

那天晚上，这两位老朋友已经谈论了很多事情：鞋子—船—封蜡—卷心菜—国王—海水为什么会滚烫——猪是否有翅膀。还有什么可说的?

为了打破沉默，他们决定玩一种纸牌游戏，每一手牌的赌注是 1 便士。当他们因为突然感到饥饿而不得不结束游戏时，一方获胜的次数是另一方的 3 倍，而另一方则为此输了 6 便士。

海象和木匠玩了几手?

解答见第 178 页

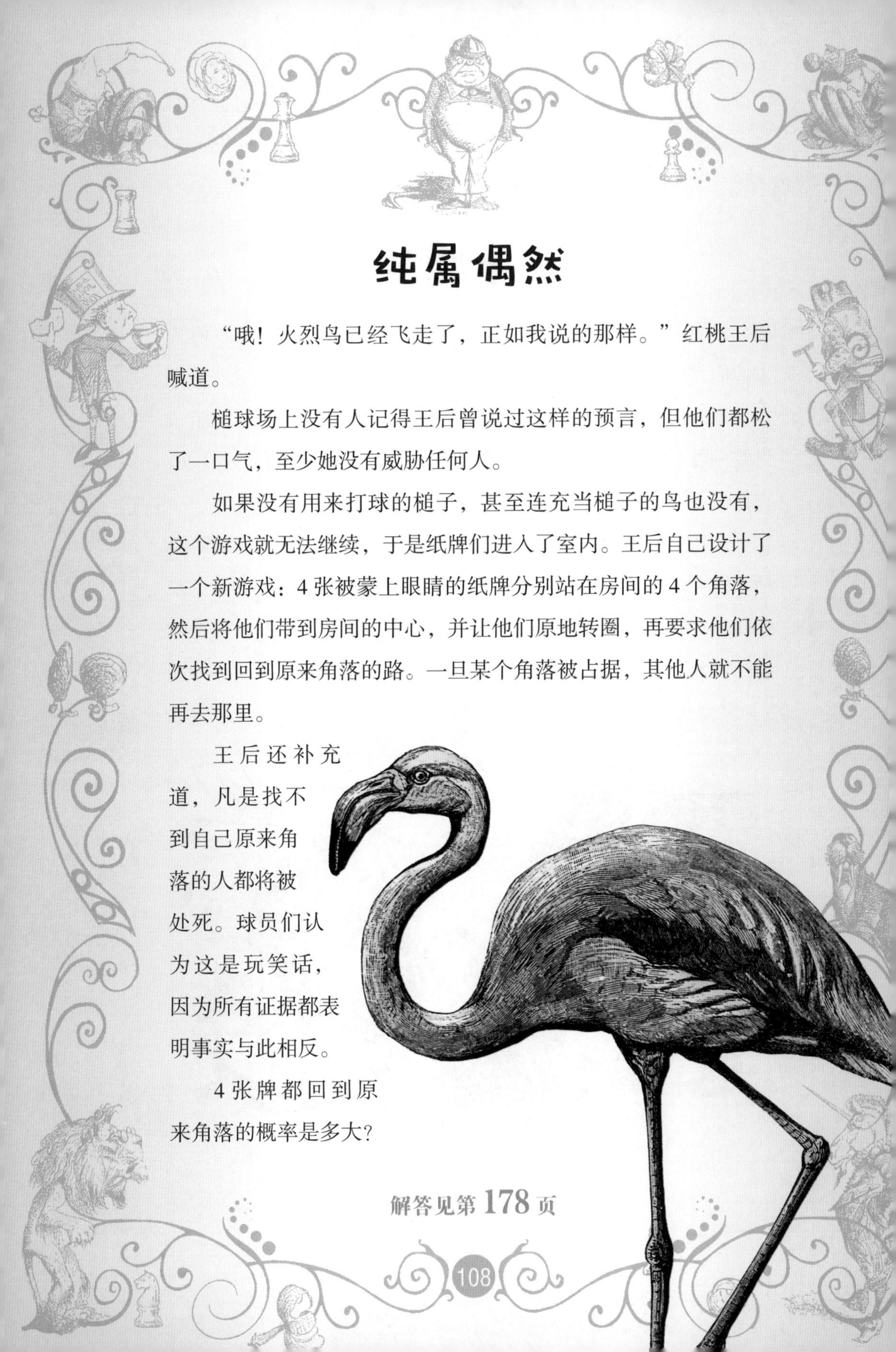

纯属偶然

“哦！火烈鸟已经飞走了，正如我说的那样。”红桃王后喊道。

槌球场上没有人记得王后曾说过这样的预言，但他们都松了一口气，至少她没有威胁任何人。

如果没有用来打球的槌子，甚至连充当槌子的鸟也没有，这个游戏就无法继续，于是纸牌们进入了室内。王后自己设计了一个新游戏：4 张被蒙上眼睛的纸牌分别站在房间的 4 个角落，然后将他们带到房间的中心，并让他们原地转圈，再要求他们依次找到回到原来角落的路。一旦某个角落被占据，其他人就不能再去那里。

王后还补充道，凡是找不到自己原来角落的人都将被处死。球员们认为这是玩笑话，因为所有证据都表明事实与此相反。

4 张牌都回到原来角落的概率是多大？

解答见第 178 页

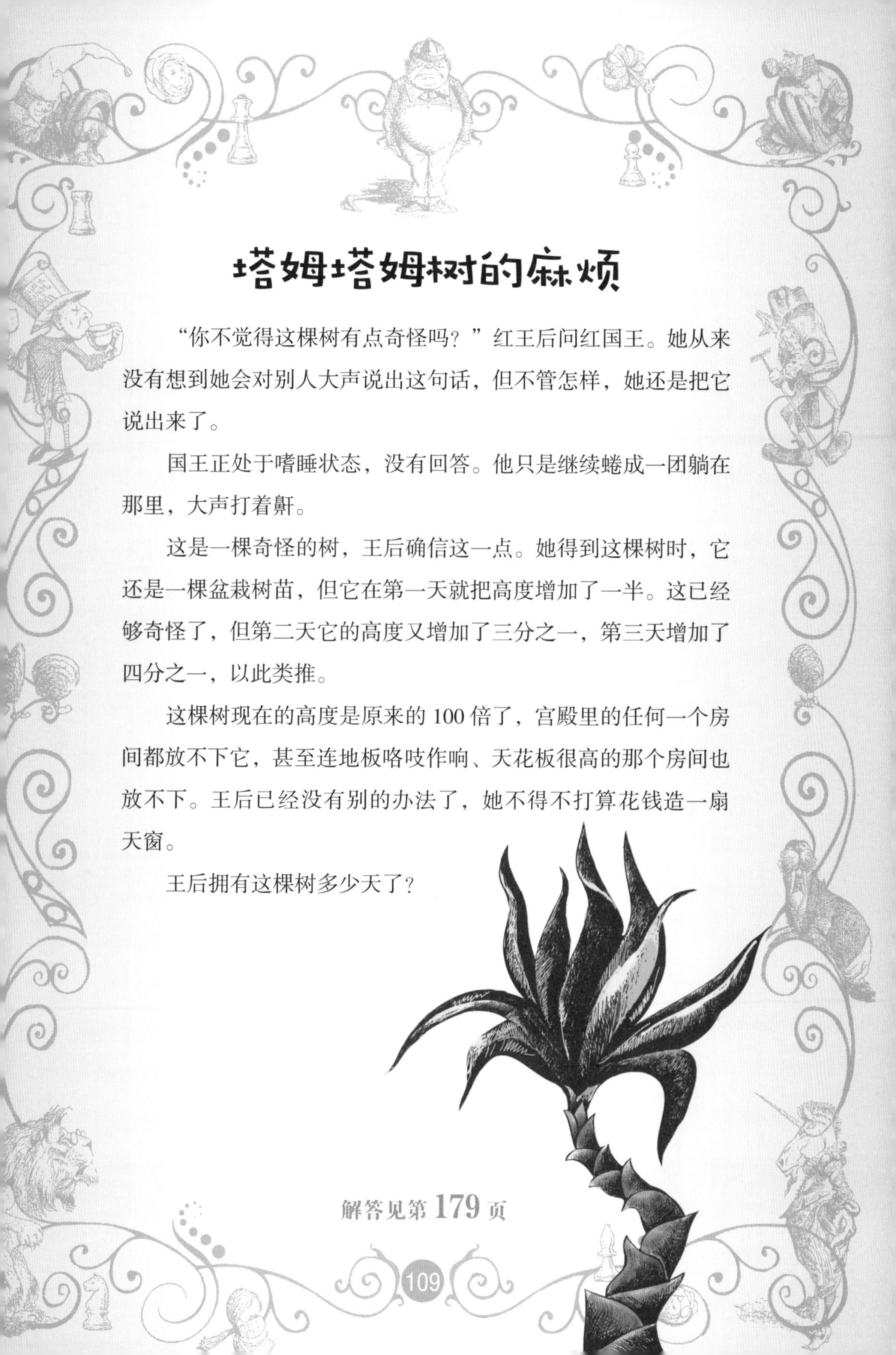

塔姆塔姆树的麻烦

“你不觉得这棵树有点奇怪吗？”红王后问红国王。她从来没有想到她会对别人大声说出这句话，但不管怎样，她还是把它说出来了。

国王正处于嗜睡状态，没有回答。他只是继续蜷成一团躺在那里，大声打着鼾。

这是一棵奇怪的树，王后确信这一点。她得到这棵树时，它还是一棵盆栽树苗，但它在第一天就把高度增加了一半。这已经够奇怪了，但第二天它的高度又增加了三分之一，第三天增加了四分之一，以此类推。

这棵树现在的高度是原来的 100 倍了，宫殿里的任何一个房间都放不下它，甚至连地板咯吱作响、天花板很高的那个房间也放不下。王后已经没有别的办法了，她不得不打算花钱造一扇天窗。

王后拥有这棵树多少天了？

解答见第 179 页

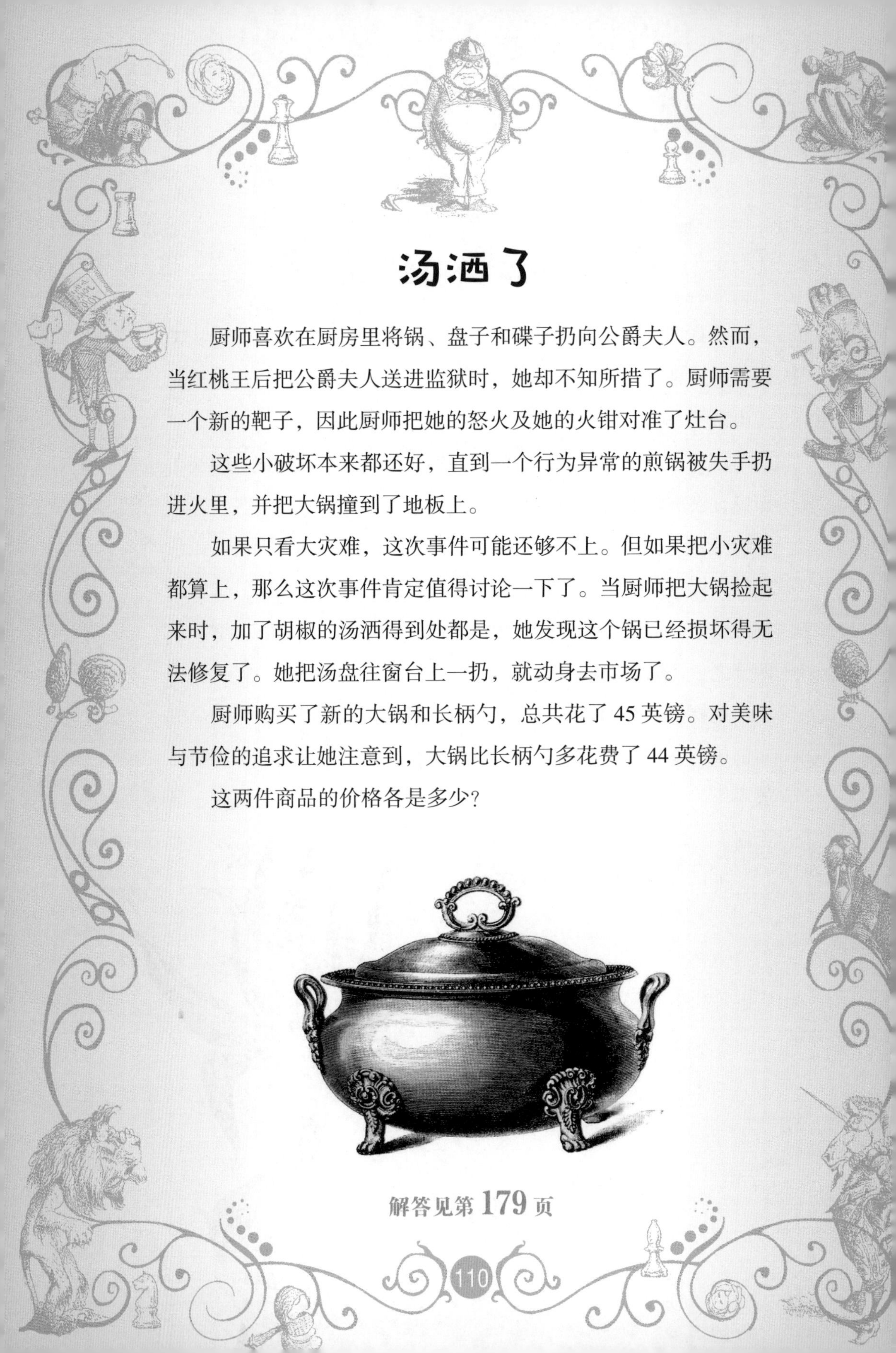

汤洒了

厨师喜欢在厨房里将锅、盘子和碟子扔向公爵夫人。然而，当红桃王后把公爵夫人送进监狱时，她却不知所措了。厨师需要一个新的靶子，因此厨师把她的怒火及她的火钳对准了灶台。

这些小破坏本来都还好，直到一个行为异常的煎锅被失手扔进火里，并把大锅撞到了地板上。

如果只看大灾难，这次事件可能还够不上。但如果把小灾难都算上，那么这次事件肯定值得讨论一下了。当厨师把大锅捡起来时，加了胡椒的汤洒得到处都是，她发现这个锅已经损坏得无法修复了。她把汤盘往窗台上一扔，就动身去市场了。

厨师购买了新的大锅和长柄勺，总共花了 45 英镑。对美味与节俭的追求让她注意到，大锅比长柄勺多花费了 44 英镑。

这两件商品的价格各是多少？

解答见第 179 页

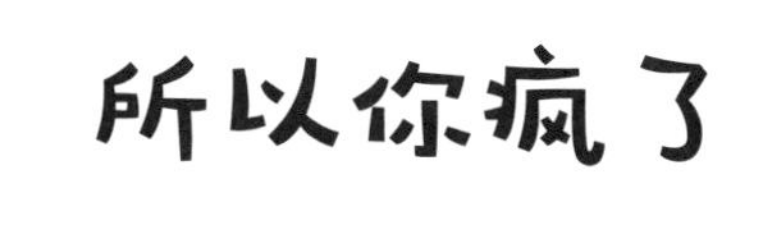

所以你疯了

柴郡猫试图证明爱丽丝疯了，但她不能完全理解它的逻辑。她想，这也许是一个征兆，表明它是正确的。

柴郡猫要求爱丽丝想出一个介于 1 和 20 之间的数，而柴郡猫自己也这么做。它的论点是，如果她想到的数比较大，那么她肯定是疯了，尽管它拒绝解释原因。

爱丽丝想到的数大于柴郡猫想到的数的概率是多少？

解答见第 **179** 页

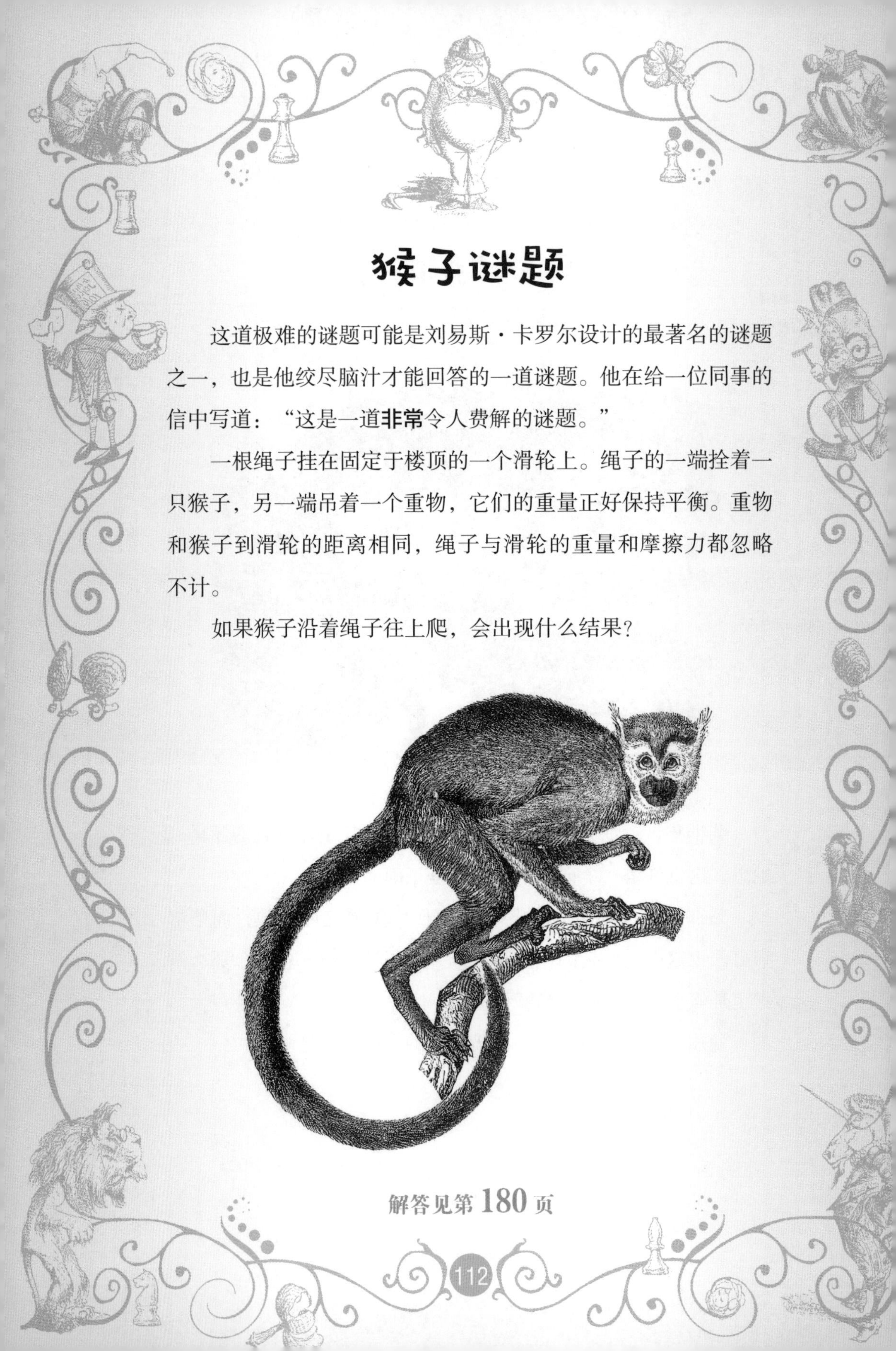

猴子谜题

这道极难的谜题可能是刘易斯·卡罗尔设计的最著名的谜题之一，也是他绞尽脑汁才能回答的一道谜题。他在给一位同事的信中写道："这是一道**非常**令人费解的谜题。"

一根绳子挂在固定于楼顶的一个滑轮上。绳子的一端拴着一只猴子，另一端吊着一个重物，它们的重量正好保持平衡。重物和猴子到滑轮的距离相同，绳子与滑轮的重量和摩擦力都忽略不计。

如果猴子沿着绳子往上爬，会出现什么结果？

解答见第 180 页

爱丽丝发现了什么

“小猫，你会下国际象棋吗？哎呀，别笑，亲爱的，我是很认真地在问呢。”

爱丽丝蜷缩着坐在大扶手椅的一个角落里，自言自语，半睡半醒。一段时间以来，她一直试图劝说她的小猫和她一起下国际象棋，但收效甚微。

爱丽丝知道自己无法成功，于是决定把那副棋收起来。当她抓起那个放棋子的袋子时，她能摸到里面已经有一枚兵了，但不知道它是红色的还是白色的。

她刚把一枚白兵放进那个袋子，突然有了一个想法：她把手伸进袋子里，用手指将两枚兵搅乱，然后抽出其中的一枚。这是一枚白兵。

爱丽丝现在有多大的概率从这个袋子里再次抽出一枚白兵？

——改编自刘易斯·卡罗尔的《枕头题目集》

解答见第 180 页

黑线鳕的眼睛

“最漂亮的总是在比较远的地方！”爱丽丝说，她对远处顽强生长的灯芯草感到叹息。

似乎任何可爱的东西都离得不够近。爱丽丝把船平稳地划过平静的池塘，绵羊继续用越来越多的针疯狂地编织。“她怎么能用这么多的针来织呢？”大惑不解的女孩这样想着，“她每分钟都在变得越来越像一头豪猪！”

一条黑线鳕在她正前方冲出水面，把她的注意力从这个问题上转移开了。在平常的日子里，看到一条跳跃的黑线鳕会让人感到困惑，甚至感到惊奇。但平常的日子里，也不大会有人带着一头不断编织的绵羊划船旅行。

爱丽丝数了数，她的桨划了 12 下，船才第一次经过那条鱼制造出的那个不断扩大着的圆，然后又划了 12 下，才从这个圆的对面划出来。

黑线鳕跳起来的那一刻，它离爱丽丝有多远（以划一次桨船行的距离为单位）？

解答见第 181 页

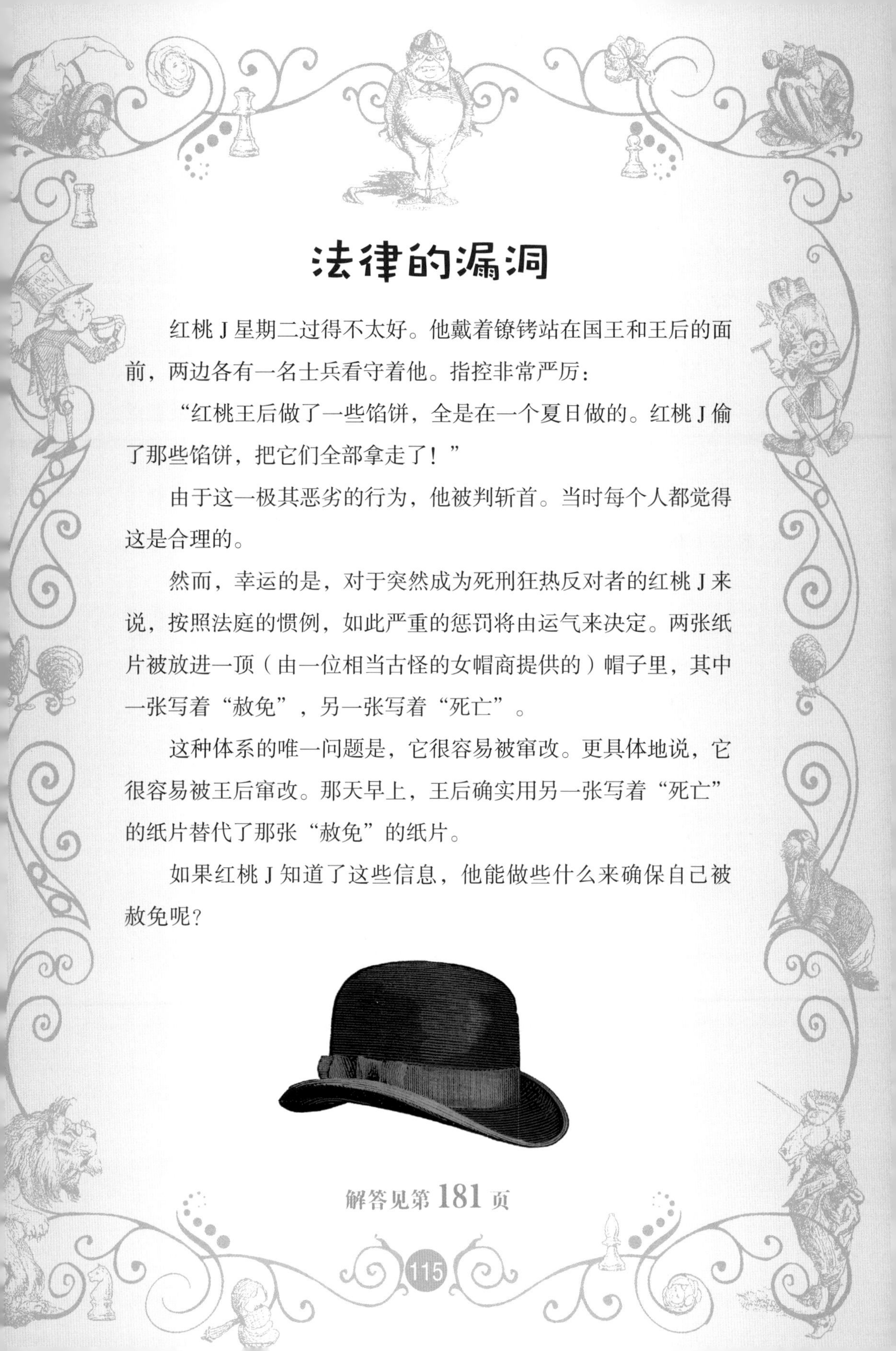

法律的漏洞

红桃 J 星期二过得不太好。他戴着镣铐站在国王和王后的面前，两边各有一名士兵看守着他。指控非常严厉：

“红桃王后做了一些馅饼，全是在一个夏日做的。红桃 J 偷了那些馅饼，把它们全部拿走了！”

由于这一极其恶劣的行为，他被判斩首。当时每个人都觉得这是合理的。

然而，幸运的是，对于突然成为死刑狂热反对者的红桃 J 来说，按照法庭的惯例，如此严重的惩罚将由运气来决定。两张纸片被放进一顶（由一位相当古怪的女帽商提供的）帽子里，其中一张写着“赦免”，另一张写着“死亡”。

这种体系的唯一问题是，它很容易被窜改。更具体地说，它很容易被王后窜改。那天早上，王后确实用另一张写着“死亡”的纸片替代了那张“赦免”的纸片。

如果红桃 J 知道了这些信息，他能做些什么来确保自己被赦免呢？

解答见第 181 页

馅饼的规则

一位发明家被带到红桃王后面前，来展示他的最新发明：一台馅饼制作机。

这位发明家宣称，一旦装上了面糊和果酱，这台机器就会以每隔 1 分钟出 1 个馅饼的速度制作出 60 个馅饼。王后兴奋地将这项发明投人应用，发现它从第一个馅饼出来开始，1 小时制作出了 60 个馅饼。

“砍掉他的头！”她喊道，“他没有兑现他的承诺。”

“这不公平！”发明家抗议道，“你已经证明了，这台机器确实做到了它应该做的一切。”

谁是对的？王后还是发明家？

解答见第 181 页

奶酪过桥费

“我的故事漫长而悲伤！”老鼠转向爱丽丝，叹息着说。

“我第一次遇到狡猾的暴怒者，是在我找地方过河的时候。你知道的，老鼠不喜欢水。”那只浑身湿透的老鼠一边说一边瞪着爱丽丝，“他告诉我附近有一座桥，而且，我每过一次桥，我拥有的奶酪数量就会翻倍。”

“真是太幸运了！”爱丽丝说。老鼠又瞪了她一眼。

“当我正要感谢暴怒者时，他要求对他的帮助给予报酬。他说，我每次过桥后都要给他 8 块奶酪才算公平。这似乎是合理的，所以我接受了，并过了河。当我踏上对岸时，我惊讶地发现他是对的。我的奶酪数量翻了一倍。我扔给他 8 块奶酪，并决定过桥往回走。奶酪数量又翻了一倍，我又给了他报酬。不过，我还是需要去河对岸，所以我第三次过桥。虽然奶酪数量又翻了一倍，但数了一下才意识到，我只剩下 8 块奶酪了。我把这些奶酪扔给了他，结果什么也没有留下。”

当老鼠遇到暴怒者时，他有多少块奶酪？

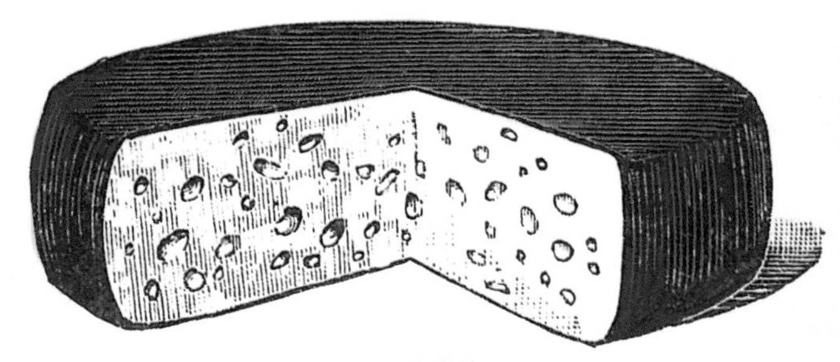

解答见第 181 页

喝哪个？

“求求您了，陛下，我需要一些东西来让我恢复到正常大小。”爱丽丝说。

“坐下，亲爱的，”白王后和蔼地说，“让我来想想……”

王后拿来两个大锅，一个是铁的，一个是铜的。她往铁锅里倒了一夸脱[1]增大药剂，往铜锅里倒了一夸脱缩小药剂。爱丽丝注意到她测量得非常精确，而且一滴也没有洒出来。

“我只需要做一些调整。”王后说。

她从铁锅里舀出 3 勺药剂，倒进铜锅，并使劲搅拌。

“快好了。”

然后，她从铜锅里舀出 2 勺药剂倒回铁锅，并在两种药剂中都加了一小撮肉桂。彻底搅拌后，她从铁锅里舀了 1 勺药剂倒进铜锅。最后，她又从铜锅里舀了 2 勺药剂倒进铁锅。

王后仔细检查了两个大锅，并确信每个锅里都装有一夸脱药剂。

“好了！”她说，“完美。”

“但哪一种药剂能让我变矮呢？”爱丽丝问。

---

① 夸脱是主要在英国与美国使用的容量单位，1 英制夸脱≈ 1.136 升。——译注

解答见第 **182** 页

王后的困境

“好吧，这太棒了！”爱丽丝说，“我从没想到，我这么快就当上了王后。”

红王后和白王后怀疑地看着她。“3 个王后！”白王后啧啧地说，“接下来呢？”

爱丽丝考虑了一会儿说：“我想会是 4 个王后吧？”

如果爱丽丝是对的，而且另外有人碰巧也成了王后，那么如何才能让所有 4 个王后都留在下面的棋盘上而互相不构成威胁呢？请记住，王后可以沿着横向、竖向或对角线方向移动任意数量的方格。

解答见第 182 页

王后的花园

红桃王后决心在园艺方面令她的对手们相形见绌，因此建造了一座新花园。

这座花园接近正方形，长只比宽多半码[①]。花园被一条宽1码、长7788码的螺旋形小路分开，小路的尽头是花园的中心，即皇家玫瑰丛所在处。

如果这座花园的面积与以码为单位的小路长度数值相等，那么这座花园的长和宽分别是多少？

① 1码≈0.9144米。——译注

解答见第183页

古怪的礼仪

布丁在指责爱丽丝无礼。对于一个以良好的餐桌礼仪为荣的女孩来说，这是相当可怕的。

它的声音沙哑又油腻，爱丽丝无言以对。她只能坐着，看着它，喘着气。

“说句话吧，”红王后说，“所有的话都让一块布丁说了，这真是荒谬！”

荒谬这个词用于形容这种情况很贴切。爱丽丝弄不明白做事情的礼貌方式究竟是什么。例如，在宴会上的215位客人中，有20%的人用勺子，剩下的那些人中，一半用刀叉，另一半用手。这时上的可是汤！

宴会上用了多少件餐具？

解答见第183页

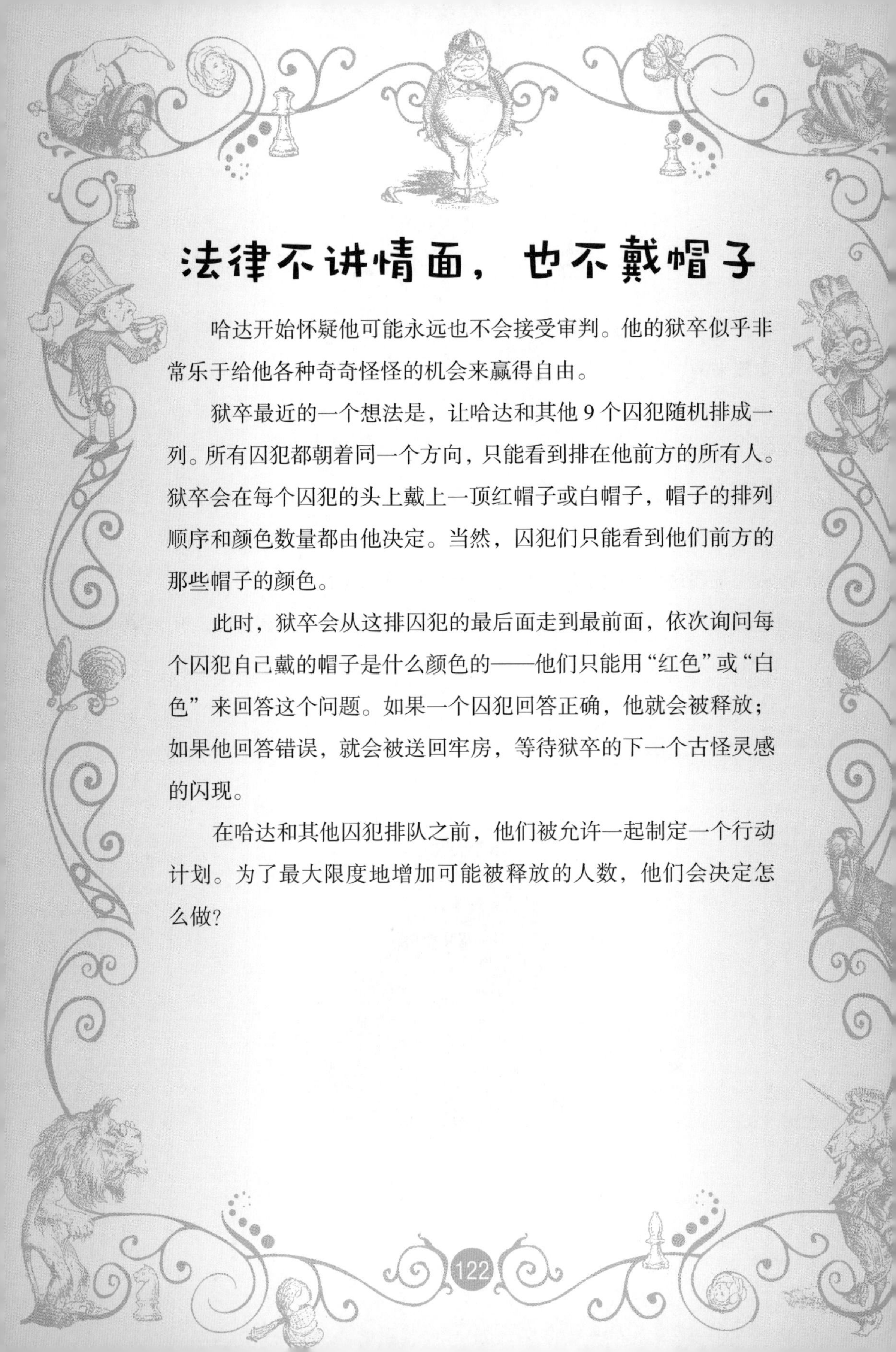

法律不讲情面，也不戴帽子

哈达开始怀疑他可能永远也不会接受审判。他的狱卒似乎非常乐于给他各种奇奇怪怪的机会来赢得自由。

狱卒最近的一个想法是，让哈达和其他 9 个囚犯随机排成一列。所有囚犯都朝着同一个方向，只能看到排在他前方的所有人。狱卒会在每个囚犯的头上戴上一顶红帽子或白帽子，帽子的排列顺序和颜色数量都由他决定。当然，囚犯们只能看到他们前方的那些帽子的颜色。

此时，狱卒会从这排囚犯的最后面走到最前面，依次询问每个囚犯自己戴的帽子是什么颜色的——他们只能用“红色”或“白色”来回答这个问题。如果一个囚犯回答正确，他就会被释放；如果他回答错误，就会被送回牢房，等待狱卒的下一个古怪灵感的闪现。

在哈达和其他囚犯排队之前，他们被允许一起制定一个行动计划。为了最大限度地增加可能被释放的人数，他们会决定怎么做？

解答见第 183 页

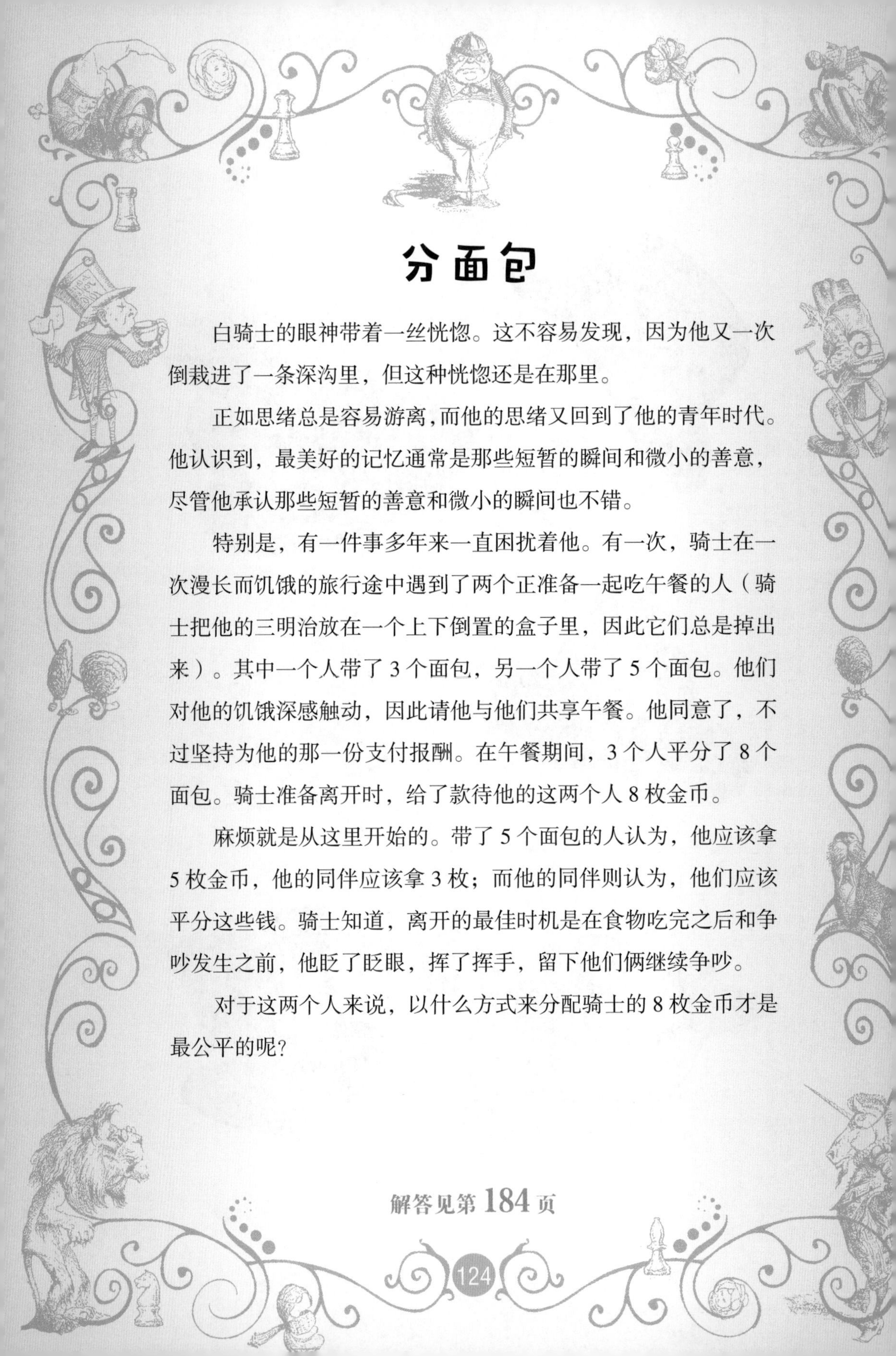

分面包

白骑士的眼神带着一丝恍惚。这不容易发现，因为他又一次倒栽进了一条深沟里，但这种恍惚还是在那里。

正如思绪总是容易游离，而他的思绪又回到了他的青年时代。他认识到，最美好的记忆通常是那些短暂的瞬间和微小的善意，尽管他承认那些短暂的善意和微小的瞬间也不错。

特别是，有一件事多年来一直困扰着他。有一次，骑士在一次漫长而饥饿的旅行途中遇到了两个正准备一起吃午餐的人（骑士把他的三明治放在一个上下倒置的盒子里，因此它们总是掉出来）。其中一个人带了 3 个面包，另一个人带了 5 个面包。他们对他的饥饿深感触动，因此请他与他们共享午餐。他同意了，不过坚持为他的那一份支付报酬。在午餐期间，3 个人平分了 8 个面包。骑士准备离开时，给了款待他的这两个人 8 枚金币。

麻烦就是从这里开始的。带了 5 个面包的人认为，他应该拿 5 枚金币，他的同伴应该拿 3 枚；而他的同伴则认为，他们应该平分这些钱。骑士知道，离开的最佳时机是在食物吃完之后和争吵发生之前，他眨了眨眼，挥了挥手，留下他们俩继续争吵。

对于这两个人来说，以什么方式来分配骑士的 8 枚金币才是最公平的呢？

解答见第 184 页

猫回来了

爱丽丝眼睛盯着火烈鸟，心里想着逃跑的事。

正在担心自己能否在不被人看见的情况下离开槌球场时，她注意到空中出现了一种奇怪的现象。看了一两分钟后，她看出那是一个咧嘴的笑脸。

“你过得怎么样？”柴郡猫刚长出能够说话的嘴就问道。爱丽丝一直等到它的耳朵出现才放下火烈鸟，开始讲述这场比赛。

“哦，亲爱的。看来你需要分散一下注意力，”柴郡猫说，“我们来猜个谜怎么样？”爱丽丝感激地点点头。

“有一个人正在看一幅肖像画，这时有人问他这幅画里的人是谁。他回答说：‘我没有兄弟姐妹，但这个人的父亲是我父亲的儿子。’”

这个人在看谁的肖像画？

解答见第 185 页

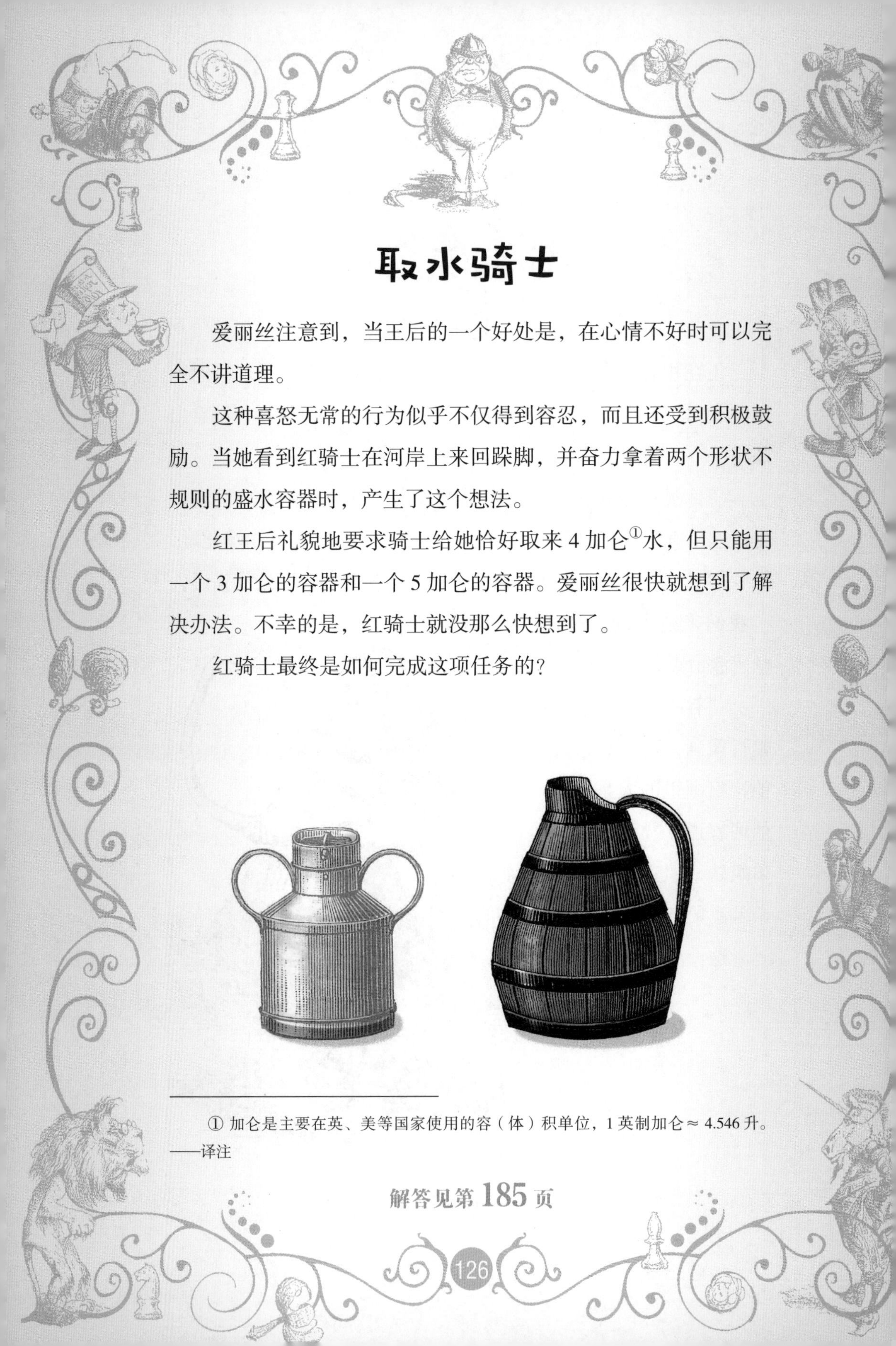

取水骑士

爱丽丝注意到，当王后的一个好处是，在心情不好时可以完全不讲道理。

这种喜怒无常的行为似乎不仅得到容忍，而且还受到积极鼓励。当她看到红骑士在河岸上来回踩脚，并奋力拿着两个形状不规则的盛水容器时，产生了这个想法。

红王后礼貌地要求骑士给她恰好取来 4 加仑[①]水，但只能用一个 3 加仑的容器和一个 5 加仑的容器。爱丽丝很快就想到了解决办法。不幸的是，红骑士就没那么快想到了。

红骑士最终是如何完成这项任务的？

① 加仑是主要在英、美等国家使用的容（体）积单位，1 英制加仑 ≈ 4.546 升。——译注

解答见第 185 页

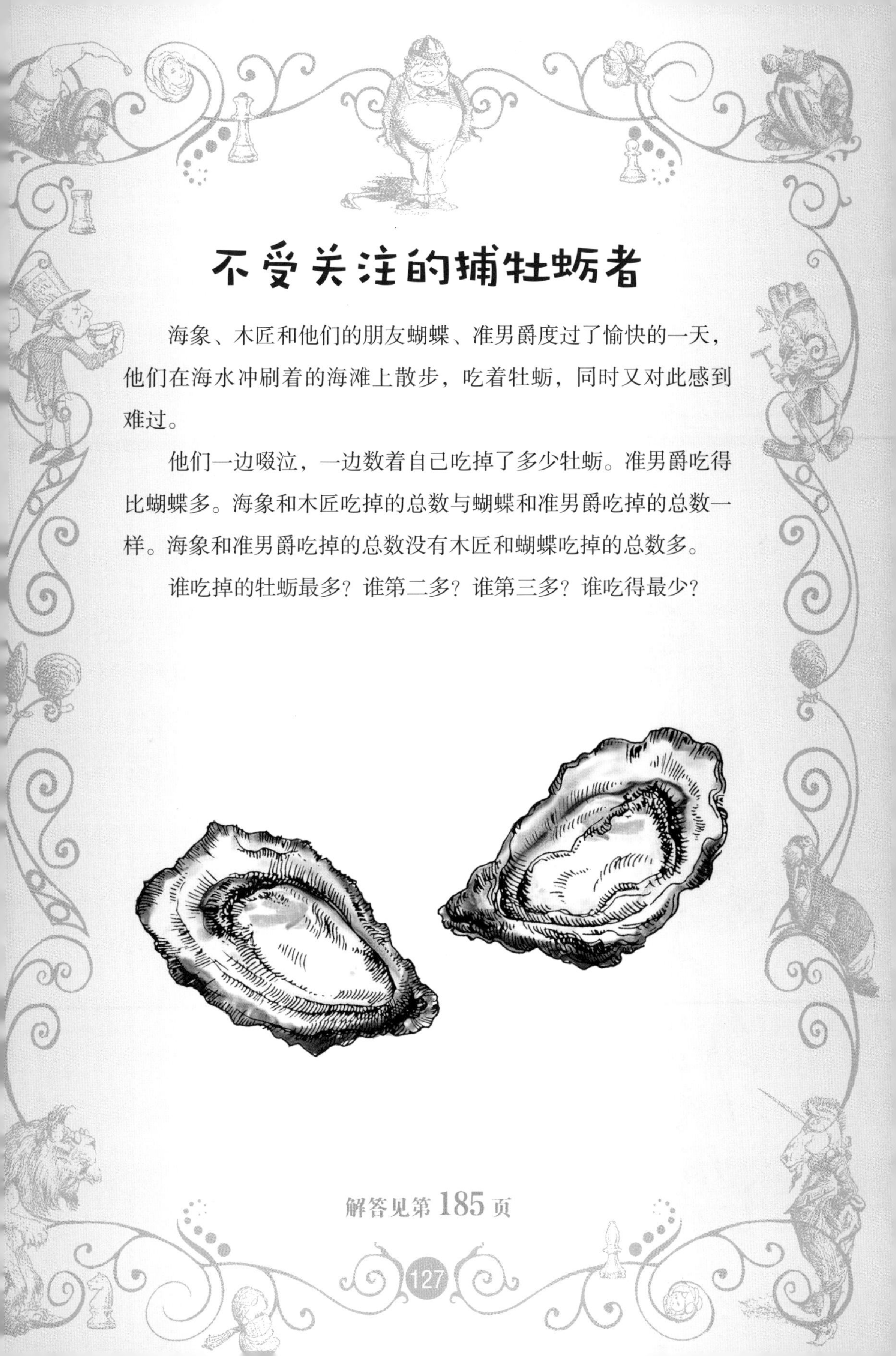

不受关注的捕牡蛎者

海象、木匠和他们的朋友蝴蝶、准男爵度过了愉快的一天，他们在海水冲刷着的海滩上散步，吃着牡蛎，同时又对此感到难过。

他们一边啜泣，一边数着自己吃掉了多少牡蛎。准男爵吃得比蝴蝶多。海象和木匠吃掉的总数与蝴蝶和准男爵吃掉的总数一样。海象和准男爵吃掉的总数没有木匠和蝴蝶吃掉的总数多。

谁吃掉的牡蛎最多？谁第二多？谁第三多？谁吃得最少？

解答见第 185 页

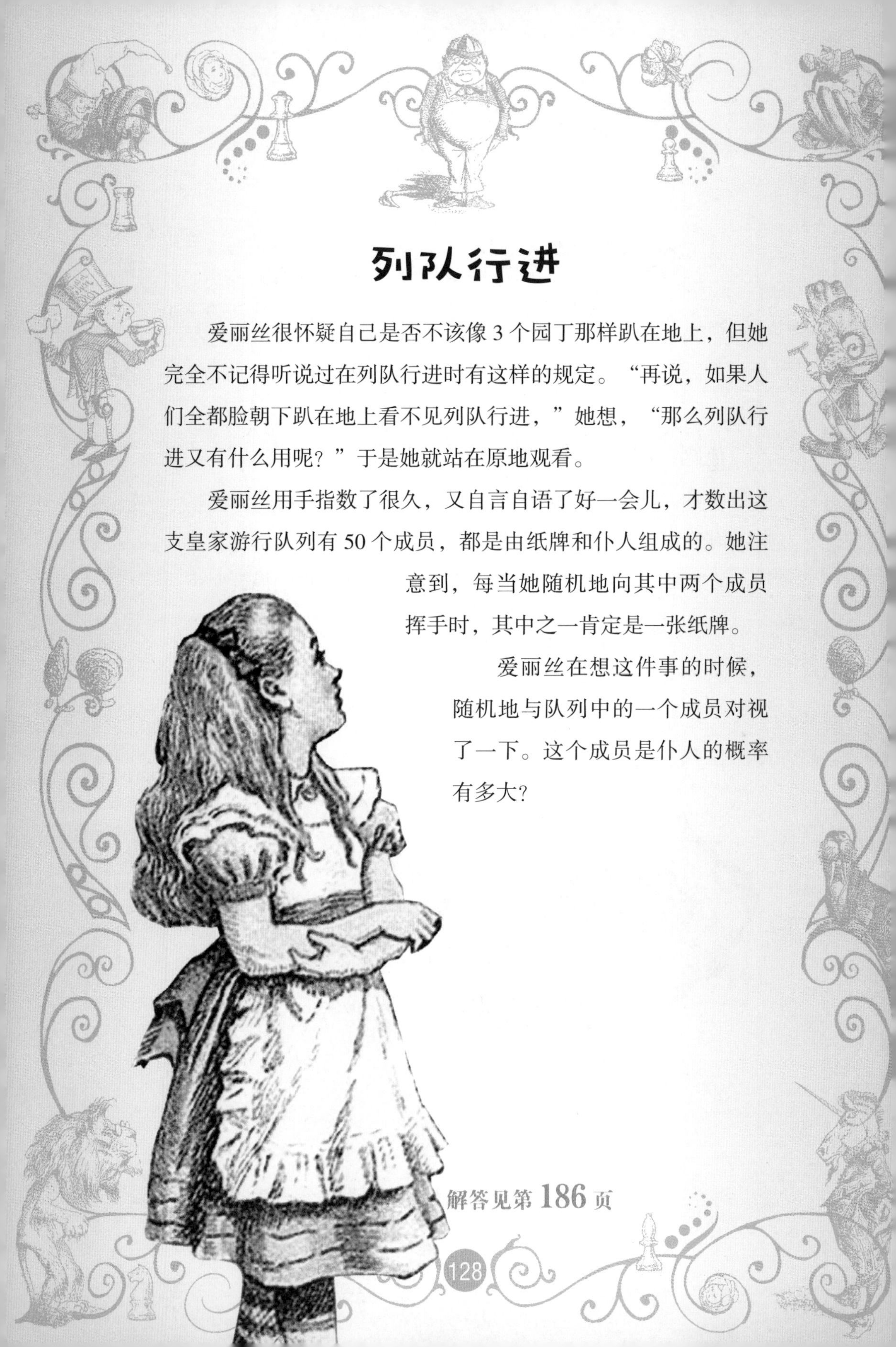

列队行进

爱丽丝很怀疑自己是否不该像 3 个园丁那样趴在地上，但她完全不记得听说过在列队行进时有这样的规定。“再说，如果人们全都脸朝下趴在地上看不见列队行进，”她想，“那么列队行进又有什么用呢？”于是她就站在原地观看。

爱丽丝用手指数了很久，又自言自语了好一会儿，才数出这支皇家游行队列有 50 个成员，都是由纸牌和仆人组成的。她注意到，每当她随机地向其中两个成员挥手时，其中之一肯定是一张纸牌。

爱丽丝在想这件事的时候，随机地与队列中的一个成员对视了一下。这个成员是仆人的概率有多大？

解答见第 186 页

公平竞争

“圆不圆无所谓。”渡渡鸟一边说着，一边画出了一条有些像圆形的跑道。

大家被分散在跑道的各处。没有人喊“一，二，三，开始！”他们想跑就跑，想停就停，所以很难知道比赛什么时候结束。当他们跑了大约半个小时以后，渡渡鸟突然喊道：“比赛结束了！”于是他们都围着他，气喘吁吁地问：“那么谁赢了？”

渡渡鸟认为，更要紧的事情是（主要是因为他还不知道如何回答这个问题），爱丽丝和参加赛跑的15只动物都表现出了良好的体育精神。“我们必须握手，这才合适！”他宣布，每个人都同意这是一个非常好的想法。

选手们互相看着，不知道该如何开始。“我们怎么确定该和谁握手呢？”爱丽丝问。渡渡鸟没有经过深思熟虑，因此无法回答这个问题。最后他说：“我们各自都应该和每个比自己个子矮的动物握手。”

如果他们基于这一原则握手，那么总共会握多少次手？

解答见第186页

乌鸦出奇地便宜，疯帽子心想，所以它们肯定跟写字台没有什么共同之处。

为了最终弄清楚为什么这两者会相似，他下了一张邮购订单——不管价格如何，但两样东西都还没到。

疯帽子不得不承认他有点担心：他不记得是否告诉过骑手，要记得在装乌鸦的板条箱上打几个气孔。他唯一能清楚记得的是，乌鸦离不开空气，这一点也不像写字台。

搬运写字台也同样复杂，因为板条箱太重了，连最壮实的马都驮不动。解决方案是耗时而巧妙的：把两根直径均为 7 英寸[1]的圆柱形原木用作滚轴。

当这两根滚轴转过一整圈时，写字台会向前移动多远？

---

① 1 英寸 ≈ 2.54 厘米。——译注

解答见第 186 页

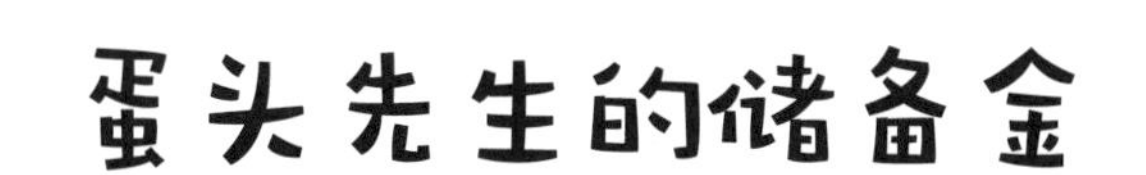

没有人确切地知道蛋头先生的财富是如何积累起来的，他似乎大部分时间都坐在高高的墙头上朗诵诗歌。

当然，他认识国王，还和当地的几个著名的蛋有交情，但也仅此而已。

最近又有一件事证明了蛋头先生拥有无法解释的财富，当时他摇摇晃晃地走进一家商店，把口袋里一半的钱花在他看到的第一件东西上，然后又离开了。随后，他告诉所有愿意听的人——这意味着他只告诉了他自己——他现在的便士数和他进入商店时的英镑[①]数一样多，而他现在的英镑数是他进入商店时的便士数的一半。

蛋头先生一开始口袋里有多少钱？

① 1 英镑 =100 便士。——译注

解答见第 186 页

最后的努力①

哈达和黑格被国王雇佣为他的两名信使。国王坚持说他必须有两名信使来取信和送信：一个人取信，一个人送信。

然而，除了简单的邮件递送之外，哈达和黑格的职责几乎涵盖了国王不想亲自完成的所有任务。一个很好的例子是，有一次他要求他们挖一条很深的壕沟。几乎每个人都警告过他不要过度挖掘壕沟——他的骑士们有一种令人遗憾的倾向，就是容易倒栽进壕沟里——但他说他想再挖最后一条壕沟用于欣赏。

国王许诺完成这项任务后会给哈达和黑格一整块李子蛋糕。哈达挖土的速度和黑格将土铲出去的速度一样快，黑格挖土的速度则是哈达将土铲出去的速度的 4 倍。

假设哈达和黑格挖土所需时间之比与他们将土铲出去所需时间之比相同，那么他们应该如何分配蛋糕？

① 标题原文是 last ditch effort，其中 ditch 又有“沟”的意思，因此这里语义双关。——译注

解答见第 187 页

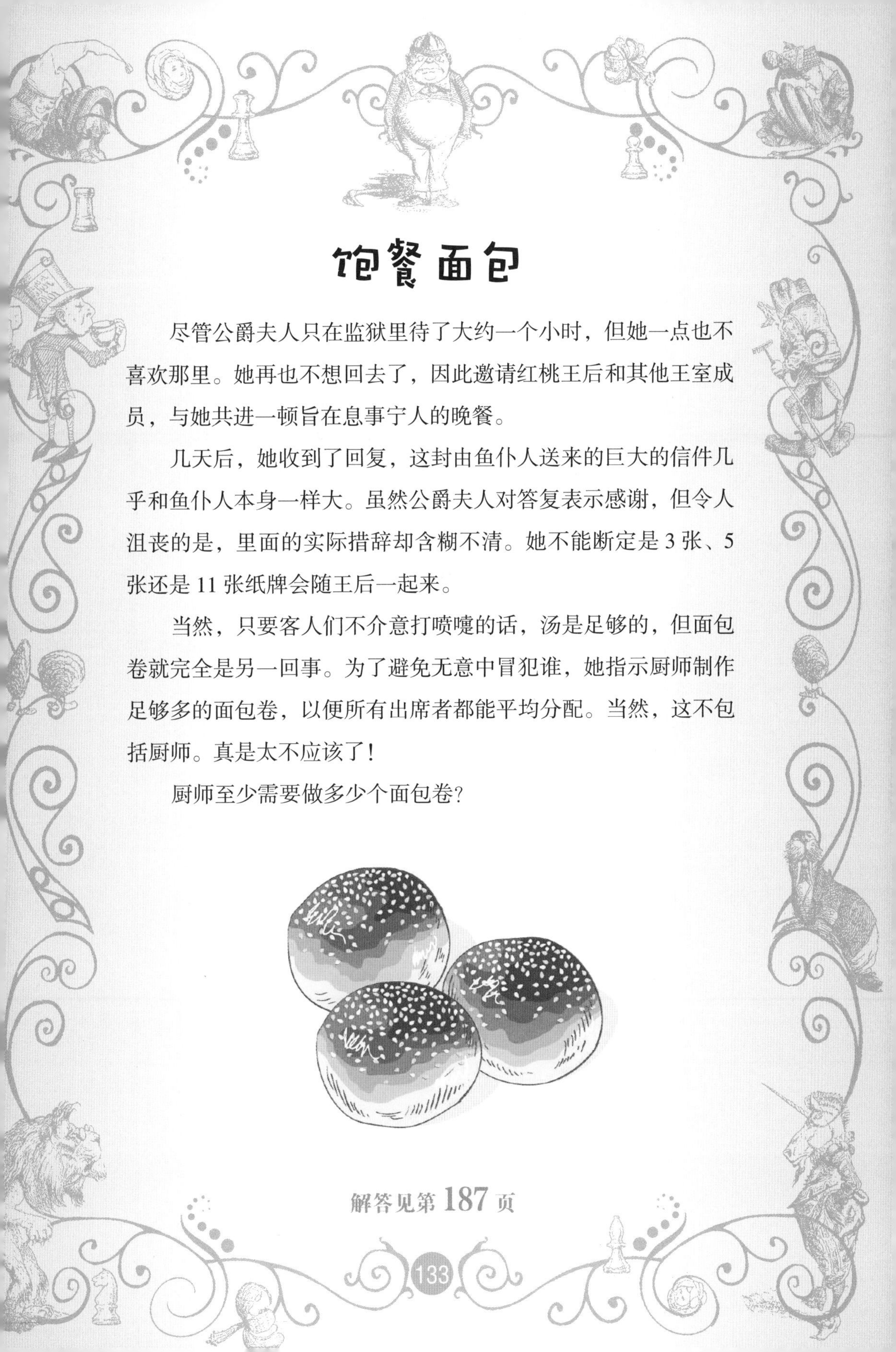

饱餐面包

尽管公爵夫人只在监狱里待了大约一个小时，但她一点也不喜欢那里。她再也不想回去了，因此邀请红桃王后和其他王室成员，与她共进一顿旨在息事宁人的晚餐。

几天后，她收到了回复，这封由鱼仆人送来的巨大的信件几乎和鱼仆人本身一样大。虽然公爵夫人对答复表示感谢，但令人沮丧的是，里面的实际措辞却含糊不清。她不能断定是 3 张、5 张还是 11 张纸牌会随王后一起来。

当然，只要客人们不介意打喷嚏的话，汤是足够的，但面包卷就完全是另一回事。为了避免无意中冒犯谁，她指示厨师制作足够多的面包卷，以便所有出席者都能平均分配。当然，这不包括厨师。真是太不应该了！

厨师至少需要做多少个面包卷?

解答见第 187 页

疑神疑鬼的国王

头戴王冠者总是很不安，尤其是每天晚餐前的下午，狮子和独角兽为那顶王冠一决雌雄之时。

狮子和独角兽似乎势均力敌，但国王担心天气会发生变化，因此决定将他的王冠送走，以便妥善保管。他计划通过他的信使把它送到白骑士那里。这个计划唯一的问题是，他担心信使会拿它去换一壶茶，而这一担心不无道理。

国王有一个盒子，还有几把锁和对应的钥匙，但他知道白骑士无法打开这些锁。而如果他把钥匙连同盒子一起送去，那么信使就能打开盒子。

国王做了什么来安全地运送王冠，并确保白骑士能够拿到王冠？

解答见第 **187** 页

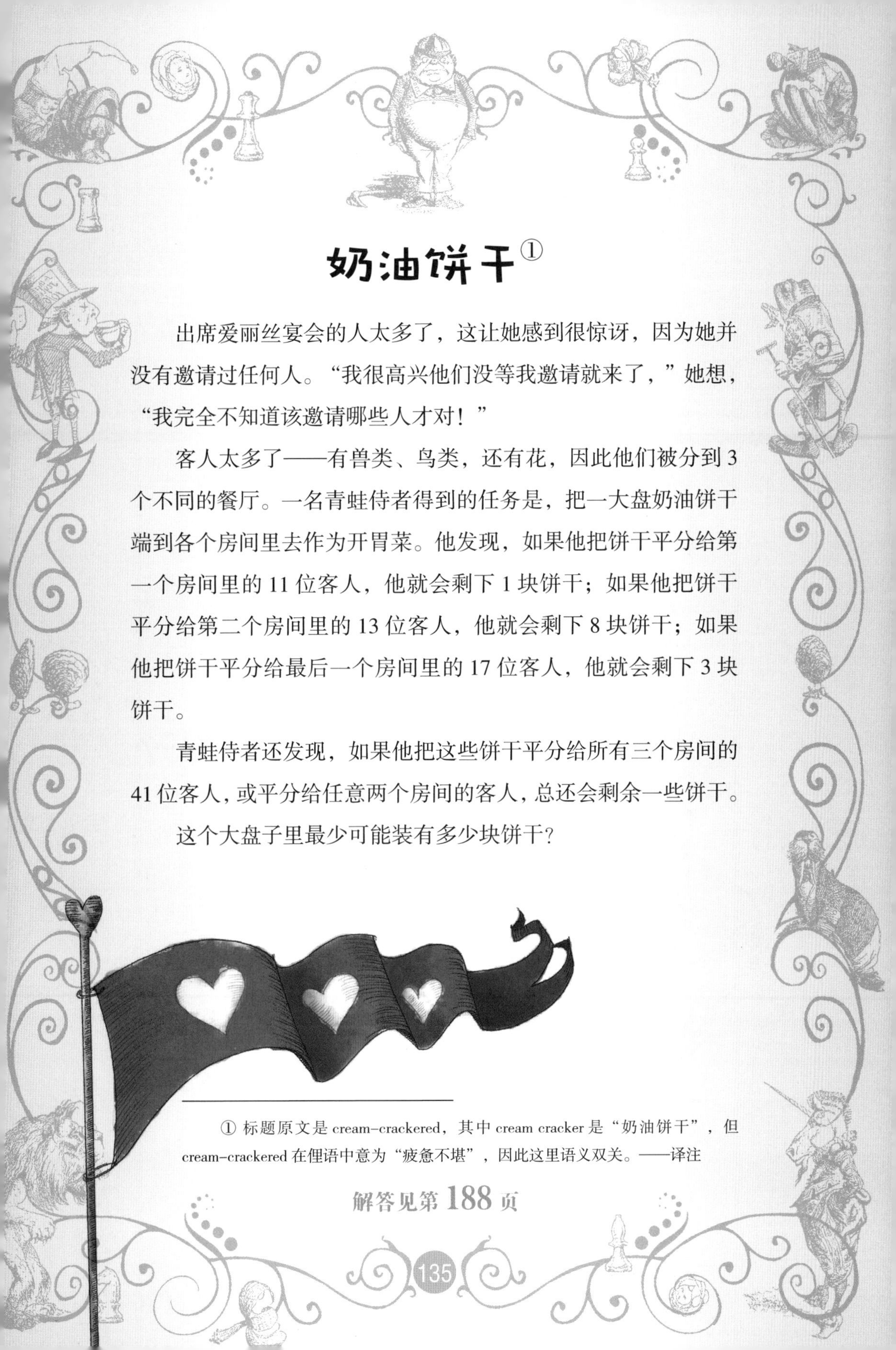

奶油饼干①

出席爱丽丝宴会的人太多了，这让她感到很惊讶，因为她并没有邀请过任何人。“我很高兴他们没等我邀请就来了，”她想，“我完全不知道该邀请哪些人才对！”

客人太多了——有兽类、鸟类，还有花，因此他们被分到 3 个不同的餐厅。一名青蛙侍者得到的任务是，把一大盘奶油饼干端到各个房间里去作为开胃菜。他发现，如果他把饼干平分给第一个房间里的 11 位客人，他就会剩下 1 块饼干；如果他把饼干平分给第二个房间里的 13 位客人，他就会剩下 8 块饼干；如果他把饼干平分给最后一个房间里的 17 位客人，他就会剩下 3 块饼干。

青蛙侍者还发现，如果他把这些饼干平分给所有三个房间的 41 位客人，或平分给任意两个房间的客人，总还会剩余一些饼干。

这个大盘子里最少可能装有多少块饼干？

① 标题原文是 cream-crackered，其中 cream cracker 是“奶油饼干”，但 cream-crackered 在俚语中意为“疲惫不堪”，因此这里语义双关。——译注

解答见第 188 页

骆驼困境

毛毛虫坐在蘑菇上猜谜语——在等待变成蛹的过程中还有什么别的事可做呢?

就在那天下午，当爱丽丝走近时，毛毛虫想出了一道新的谜题。它对于能有机会问她这个问题感到很激动，但从它那慵懒、困倦的声音里，你是听不出来的。

以下就是它给她讲的故事：

“一个养骆驼的人死后，给他的 3 个孩子留下了 17 头骆驼。他的遗嘱规定，他最大的孩子将得到这些骆驼的 $\frac{4}{9}$，第二个孩子将得到 $\frac{1}{3}$，最小的孩子将得到 $\frac{1}{6}$。

“这 3 个孩子正坐在他们的大篷车旁讨论如何做到这一点时，一位苦行僧骑着一头骆驼经过。他们邀请这位苦行僧和他们一起喝点水，休息一下。他向他们表示感激，同时听了他们的问题。在考虑了一会儿后，他告诉他们，他知道如何实现他们父亲的最后愿望。”

爱丽丝甚至不需要等到毛毛虫把谜语说完，就知道了苦行僧的计划。那是一个什么计划?

解答见第 188 页

我还站着

过了一会儿，士兵们开始跑步穿过树林，先是三三两两的，然后是十个二十个一起，最后成群结队地跑入，似乎把整个树林都挤满了。

这种混乱每时每刻都在加剧，因为有士兵被绊倒，压在别人的身上。骑马的人也没有好到哪里去，因为他们通常会在马被绊倒时摔下来。

不到一两分钟，士兵们都成堆地躺在地上轻声呻吟，没有倒下的人数急剧下降。仍然站着的步兵人数比骑在马上的骑兵人数多 16 人，而且站着的步兵人数的 7 倍比骑在马上的骑兵人数的 9 倍多 32 人。

有多少还站着的步兵和还骑在马上的骑兵？

解答见第 188 页

夏季的傍晚，很久以前

白骑士料想，不可能奢望得到直截了当的回答。

当年迈的老人被问及他的生活情况时，他竟然滔滔不绝地谈起了在鲜艳的石楠丛中搜寻黑线鳕的眼睛，以及挖黄油面包卷和把蝴蝶做成馅饼的事情。

不过，白骑士带着骑士们所特有的那种不切实际的乐观情绪，认为询问这位老人的年龄可能会引出一个较理智的回答。

他得到的回答证明，情况并非如此。这位老人说，他一生中有四分之一的时间是个孩子，五分之一的时间是个年轻人，三分之一的时间在长满青草的小丘上寻找双轮双座马车的车轮，还有 13 年的时间坐在大门上。最后这一点听起来不大可能，但骑士还是相信了他的话。

这位老人多大年纪了？

解答见第 189 页

简单谜题

答案

饼干碎了

托盘里一开始有 15 块饼干。

疯帽子吃了 8 块，三月兔吃了 4 块，睡鼠吃了 2 块，最后留下 1 块饼干给了爱丽丝。

小牡蛎

所有的小牡蛎都是公的[①] 。

叮当兄和叮当弟

他们可能是三胞胎、四胞胎、五胞胎……或者更多胞胎中的两个!

不听劝告

那人劝告山羊不要去赶 12:50 的火车，是因为要赶的时间是 1 点差 10 分[②] 。

---

① 有一些种类的牡蛎是雌雄同体的，幼年时为雄性，在成长过程中当环境适宜时会变成雌性，所以可以说“它们一半是公的”。——译注

② 1 点差 10 分的英文表述是 ten to one，此短语也有“十之八九，很有可能”的意思，而山羊说他必须赶上这趟火车。——译注

找不同：对战炸脖龙

昆虫学方程

爱丽丝看见 4 只昆虫。

挑食的猫

将这道谜题大声念出来，就能发现它的解答。

刘易斯·卡罗尔用诗句的形式给出了答案：

小猫认为鲑鱼和鳎鱼非常好，

这并不是什么奇异的事情。

为了得到更多的美味佳肴，小猫站了起来；

但是当第三位姐妹伸出她美丽的手时，

请问小猫为什么要吞下她的戒指（her ring）？①

① “鲱鱼”的英文 herring 和“她的戒指”的英文 her ring 谐音。——译注

找不同：爱丽丝与扑克牌

装箱

刘易斯·卡罗尔是一位数学讲师，因此他喜欢数学和逻辑谜题，但他在这里更注重文字游戏。他用诗句的形式给出了答案：

当卷发的詹姆斯在床上睡觉时，

哥哥约翰在他头上打了一拳；

詹姆斯睁开眼皮，窥视他的兄弟，

攥紧拳头，也还了哥哥一拳。

这种箱子（box）可不那么少见，

盖子（lid）就是眼皮，锁（lock）就是头发，

所以每个学童付出代价后都能分辨出，

解开这些纠缠的关键（key）总是丢失 。[①]

不安静的车厢

这位身穿白纸衣服的绅士现在 30 岁。

鱼晚餐

是一只牡蛎。

---

① 这道谜题中用到多处双关语：box 有“箱子”和“打了一拳”两个意思，lock 有“锁”和“一绺头发”两个意思，lid 有“盖子”和“眼皮”两个意思，key 有“钥匙”和“关键”两个意思。——译注

两个谜语

字母 v[①] 和数字 8。

镜像：爱丽丝与渡渡鸟

是图片 C。

在坑里

叮当弟被困了 9 天。叮当弟向上爬的速度是每一个日夜 1 英尺，所以经过 8 天 8 夜，他已经向上爬了 8 英尺。在第 9 天，他向上爬了最后 4 英尺，回到了叮当兄身边。

① v 这个字母出现在盗贼（thieve）、卑鄙（vile）、堕落（depravity）、神学家（divine）、学者（savant）这些单词中，并且在引力（gravity）这个单词的中间位置。——译注

蒲式耳生意

会有 10 个苹果[1]。

打喷嚏的商人

商人为厨师磨了 $1\frac{1}{9}$ 袋胡椒粉，在留下$\frac{1}{10}$的胡椒粉后，厨师恰好剩下 1 袋。

① 将“常常梦见”（dreaming often）中的“often”拆成“of ten”，就变成了“梦见 10 个”。标题中的蒲式耳（bushel）是一个容量及重量单位，主要用于量度干货，尤其是农产品，也表示“大量的”。——译注

拉动另一方

黑格是力气最大的，排在其后的是狮子，然后是独角兽，最后是哈达。

找不同：海象与木匠

要砍头

爱丽丝说：“我会丢掉我的脑袋。”

王后的连乘

答案是 0，因为任何数乘以 0 的结果都等于 0。

亲爱的奶牛场

棕色奶牛的产奶量比较高。

猫科动物的沮丧

答案是一块碑（tablet）[①]。

镜像：蜥蜴比尔钻烟囱

是图片 C。

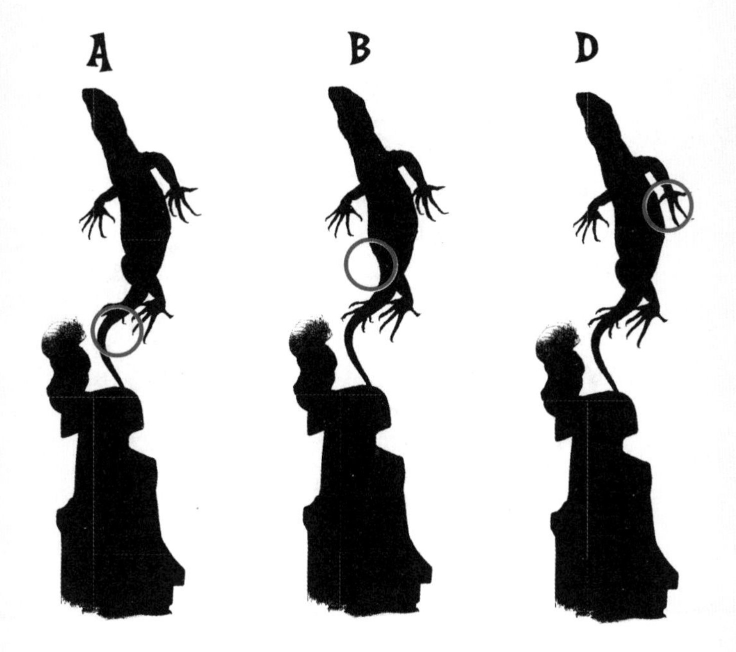

① tablet 有“碑”的意思。它的前一半 tab 可表示“固定或者拉东西用的环”，而 cat 既可以表示“猫”，也可以表示“船上固定舵绳的吊环”；它的后一半是 let，有“障碍”的意思。把它的首尾两个字母去掉就是 able（能够），把首字母放回去是 table（桌子）。——译注

正面朝下的牌

从左到右，这 3 张扑克牌分别是草花 J、方块 J 和方块 K。

好卖的鸡蛋

可能的最少鸡蛋数量是 103 个，绵羊每天卖出 60 个。这两个数的任意倍数都满足要求，但我们需要的是可能的最少数量。

恰恰相反

他们当时背对背站着。

路标倒了

如果爱丽丝将路标插回去，并让她刚刚去过的那个地方的名称指向正确的方向，那么所有其他箭头也会指向正确的方向。

重振旗鼓

概率为零。如果有 12 位骑手找到了自己的马，那么第 13 位骑手也就找到了自己的马。

这些动物将在 40 天内吃光所有的草。由于奶牛和山羊一天吃掉花园里$\frac{1}{45}$的草，奶牛和鹅一天吃掉$\frac{1}{60}$，山羊和鹅一天吃掉$\frac{1}{90}$，因此我们可以计算出，奶牛一天吃掉花园里$\frac{5}{360}$的草，山羊吃掉$\frac{3}{360}$，鹅吃掉$\frac{1}{360}$。所以，它们一天吃掉花园里$\frac{9}{360}$的草，即$\frac{1}{40}$。

找不同：威廉爸爸的杂耍

镜像时间

若精确到秒，正确时间是 6 点 27 分 42 秒。

餐饮服务的难题

黑格和哈达要花 $3\frac{1}{3}$分钟，才能在一个托盘里装满 20 片白面包和黑面包。

虚假的悲恸

爱丽丝回答道：“哎呀，你们俩都是洋葱！”

奇异谜题

答案

在海底

素甲鱼选择哪座建筑都没有关系：这三条路的长度都是一样的。该长度不是由建筑的形状决定的，而是由路的坡度决定的。因为它们都具有相同的坡度，所以它们从底部到顶部的路也都具有相同的长度。

白兰地引起的麻烦

由于两个玻璃杯中最后都盛有 50 匙液体，因此转移的量是相同的：有$\frac{1}{51}$匙白兰地从第一个玻璃杯转移到第二个玻璃杯，有$\frac{1}{51}$匙水从第二个玻璃杯转移到第一个玻璃杯。[①]

① 此解从数学上讲是正确的，但不考虑在纯白兰地和纯水中也占有一定体积的水分子和酒精分子。——译注

找不同：爱丽丝与绵羊去划船

一头假装感兴趣的小鹿

答案是“信封”（envelope）[①]。

极度恐慌

王后：我是显要人物（I am notable）；椅子：我不是桌子（I am no table）；你：我做不到（I am not able）。

① 题目中“字母”的英文 letter 也有“信”的意思。——译注

找不同：变小的爱丽丝

自由自在的仆人

鱼仆人干了 6 天活，懒散了 24 天。他在这 30 天里总共得到了 240 英镑的报酬，但不得不为他懒散的 24 天而被罚没 240 英镑。

时间交易

星期四下午 2 点钟。

镜像：爱丽丝与猪宝宝

是图片 B。

错过

当玛丽（Mary）和艾娜（Ina）告诉哈蒂（Hartie），她们看到一个长着翅膀（wings）、穿着深红色和蓝色衣服的小生物（creature）时，哈蒂（Hartie）喊道："真是个仙女（a fairy）！哎呀，艾娜（Ina）和玛丽（Mary），如果我是你们的话，我**应该**会很高兴的！"

玛丽（Mary）说："你不会。"艾娜（Ina）说："你不应该，因为**你**不可能成为**我们**，**我们**也不可能成为**你**。你是**一个人**，亲爱的哈蒂（Hartie），但**我们**是一伙（a party），算术（arithmetic）告诉我们**一**不等于**二**。"

看见红色（或白色）

这枚棋子的第二句话将两种颜色都包括了，这就意味着它必定在说真话。因此它是白车。

摸黑选袜子

5 只袜子。在最糟糕的情况下，国王会拿出 4 只不同颜色的袜子，这意味着要有第 5 只袜子才能保证配成一双相同颜色的袜子。

不要玩球

比尔把球竖直地扔向空中。

威廉一家

他们现在的年龄如下：威廉爸爸 39 岁，诺亚 21 岁，亚瑟 18 岁，约翰 18 岁，乔伊丝 12 岁，菲莉丝 9 岁。亚瑟和约翰是双胞胎。

数数的绵羊

第五个罐子里装有 30 颗糖果。

清风穿林

骑士把他的马留在离马厩 18 英里的树林里。仔细想想，这个决定可能很糟糕。

再猜一个

是单词“wholesome”[①]。

互惠迫移[②]

白骑士赢了 3 个回合，红骑士赢了 2 个回合。

薪水单

黑格的方案比较划算。第一年，哈达挣了 300 英镑，黑格挣了 330 英镑（150 英镑 +150 英镑 +30 英镑）。第二年，哈达挣

① wholesome 的意思是“有益于健康的”，把单词中的全部（whole）拿走，还剩下一些（some）。——译注

② 迫移（zugzwang）是国际象棋中的一种特殊情况，此时玩家被迫将棋子移动到对自己不利的位置。由于两位骑士都是如此无能，以至于经常从自己的马上摔下来，因此他们之间的冲突就是一个互惠迫移的例子。——译注

了 360 英镑（300 英镑 +60 英镑），黑格挣了 450 英镑（180 英镑 +30 英镑 +210 英镑 +30 英镑）。此时黑格已经比哈达多挣了 120 英镑，并且随着时间的推移，差距将越来越大。

刑事谜题

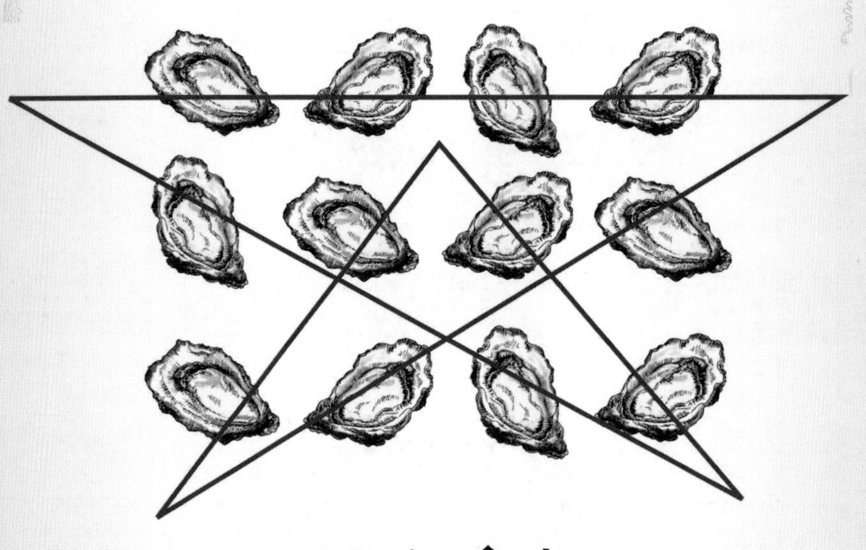

她在途中

爱丽丝应该走第一条路。如果第二条路或第三条路是正确选择，则所有三块路牌就都是正确的；而如果第一条路是正确选择，那么所有三块路牌就都是错误的。

不来点葡萄酒吗？

白王后、红王后和白骑士将 2 个半满的桶中的葡萄酒倒入另外 2 个半满的桶中，这样就得到了 9 个满桶、9 个空桶和 3 个半满的桶。然后，他们每人可以带走 3 个满桶、3 个空桶和 1 个半满的桶。

离巢

这天正是她的 7 岁生日。

镜像：爱丽丝与公爵夫人

是图片 E。

泡一泡再吃

疯帽子每周吃掉 213 块饼干。用他买的 160 块饼干吃剩的小饼干块，他做出了 40 块；用这 40 块饼干剩下的小饼干块，他做出了 10 块；用这 10 块饼干剩下的小饼干块，他又做出了 2 块，还留下 2 个小饼干块；他吃的这 2 块饼干又剩下了 2 个小饼干块，加上前面留下的 2 个小饼干块，就做成了最后一块饼干。最后一块饼干剩下的那一个小饼干块，他会留到下个星期吃。他很可能把这个小饼干块藏在他的帽子下面，或者是睡鼠熟睡的脑袋下面。

挑食的孩子们

威廉爸爸有 10 个孩子。

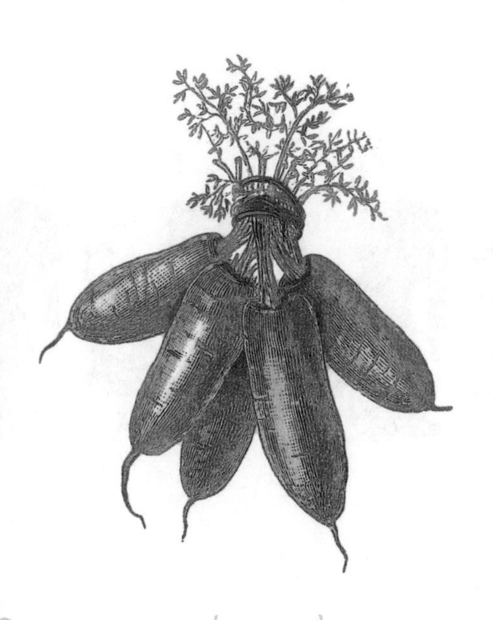

找不同：爱丽丝惹怒陪审团

战地手术

这3个分数分别为$\frac{40}{60}$（眼眶青肿）、$\frac{45}{60}$（手腕扭伤）和$\frac{48}{60}$（脚趾磕伤）。将40、45和48相加，减去2个60，结果是13，这是每60名伤者中同时受3种伤的最低人数。由于同时受3种伤的最低人数是26人，因此受伤的士兵必定有120个。

威廉爸爸，你老了

如果说这句话的时间是1月1日，那这就是可能的。威廉爸爸的生日是12月31日。前天他还是67岁，昨天是他的68岁生日。他今年会到69岁，而明年就会到70岁。

通风良好的环境

一共玩了10盘国际跳棋。5位乘客中的每一位都与另外4位乘客玩了一盘，如下页图所示：

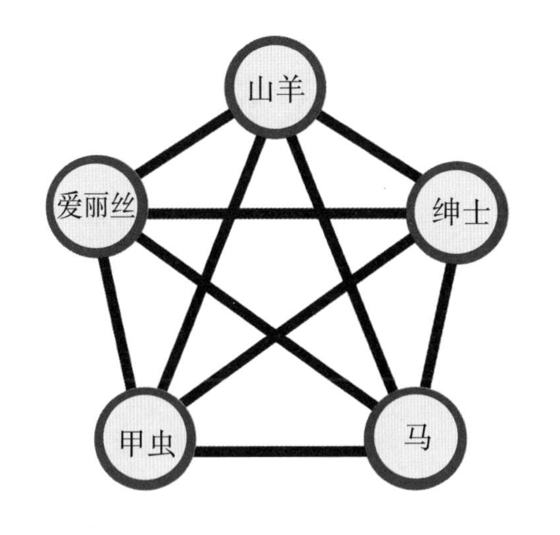

财富公平地再分配

每个男孩一开始都有 3 便士，他们各给每个女孩 1 便士。每个女孩一开始都有 15 便士，她们各给每个男孩 2 便士。于是每个孩子最后都有 6 便士。

我是蛋人

国王大约跑了 $96\frac{1}{2}$英里（确切地说是 96.568 英里）。这个数字是 40 的平方的 2 倍的平方根，再加上 40[①]。

---

① 设军队的速度是 u，国王的速度是 v，国王从队末到队首的时间为 t_1，从队首到队末的时间为 t_2，则根据题意有 $u(t_1+t_2)=40$，即 $u\left(\frac{40}{v-u}+\frac{40}{v+u}\right)=40$，可解得 $\frac{v}{u}=1+\sqrt{2}$，而国王跑的距离是 $40\cdot\frac{v}{u}=40(1+\sqrt{2})=40+\sqrt{2\times40^2}\approx96.568$ 英里。——译注

我是海象

海象星期一没有吃牡蛎。然后，他在星期二吃了 3 只，星期三吃了 6 只，星期四吃了 9 只，星期五吃了 12 只，总共吃了 30 只牡蛎。

枕头题目集

俄罗斯人的三儿子叫伊万（Yvan）。他们的名字都与他们的职业有关：拉布（Rab）反过来是“bar”，伊姆拉（Ymra）反过来是“army”，伊万（Yvan）反过来是“navy”[①]。

半斤八两的陪审团

如果蜥蜴比尔在第一张传票被抽走的情况下第十个抽，那么他不成为陪审员的概率会更高。如果他第一个抽，那么他抽中传票的概率是 $\frac{2}{30}$，相当于 $\frac{1}{15}$。但如果已有 9 个纸卷被抽走，且其中包括一张传票，那么他抽中传票的概率就是 $\frac{1}{21}$。

① bar 有“律师职业”的意思，army 是“军队”的意思，navy 是“海军”的意思。——译注

盐带来的怒气

爱丽丝可以在秤的两边各放 4 个麻袋。如果它们不平衡，那么她就会知道盐在较重的一边。如果它们确实平衡了，那么她就会知道盐在她没有称的 4 个麻袋里。

哦，不开心的日子

男孩要说的话是："你不会给我银币，也不会给我铜币"。

麻烦加半

答案是半只母鸡加半只母鸡，即一只母鸡。如果一只半母鸡每一天半能下一个半蛋，那么一只母鸡每一天半就能下一个蛋。每一天半多下半个蛋的一只母鸡，每一天半能下一个半蛋（即每天下一个蛋）。因此，一只这样的母鸡在十天半（即一周半）的时间里能下十个半蛋。

玩槌球

黑桃 5 是门卫，黑桃 2 是司酒者，黑桃 4 是大管家，黑桃 6 是司膳总管。

太阳不见了

暑假已经过了 18 天，如果算上当天的话，那就是 19 天（虽然题目要求你不要这样做，但是也行吧）。

困难谜题

答案

残酷而不寻常的惩罚

哈达应该把一颗红色弹珠放在其中一个罐子里，而把其余的 199 颗弹珠都放在另一个罐子里。这样他就会有 74.87% 的概率被释放。

选择其中一个罐子的概率为 0.5，从一个罐子中抽出一颗红色弹珠的概率为 1，从另一个罐子中抽出一颗红色弹珠的概率为 $\frac{99}{199}$。因此，总概率为 $0.5 \times 1 + 0.5 \times \frac{99}{199} \approx 0.7487$。

宴会上的客人

有 60 位客人。设有 x 位客人，得出以下方程：

$$\frac{x}{2} + \frac{x}{3} + \frac{x}{4} = 65$$

因此

$$6x + 4x + 3x = 65 \times 12$$

$$13x = 65 \times 12$$

$$x = 60$$

老鼠的故事

$$4^4 + 44 = 300$$

几代捕蟹人

船上只有 3 个人：一位祖父、他的儿子和孙子。这 3 个人中，有两位是父亲，两个是儿子。

一块蛋糕

爱丽丝先切两刀，把蛋糕均分成四份，然后用刀从蛋糕的侧面将它水平均分成两层。

没有一整副牌

年迈的老人赢的可能性比较大。在抽出了一张 A 再放回去后，他有 $\frac{4}{52}$（即 $\frac{1}{13}$）的概率再抽出一张 A。另一方面，白骑士在把第一张 A 放在一边之后，他在第二轮中有 $\frac{3}{51}$（即 $\frac{1}{17}$）的概率再抽出一张 A。

撒谎的兔子

爱丽丝可以这样问三月兔："今天是星期一或星期三吗？"如果是星期一，那么三月兔就会诚实地回答"是的"；如果是星期二，那么三月兔会撒谎说"是的"；如果是星期三，那么三月兔会错误地回答"不是"；如果是星期四，那么三月兔会撒谎说"不是"。（那天不可能是星期五、星期六或星期日。）

这意味着，如果三月兔回答"是的"，那么他就会举办茶话会；如果他回答"不是"，那么他就会出去参加茶话会。

关于糕点的预警

红桃 4 就是守夜人——他告诉王后他做的梦，这就暴露了他自己在工作时间睡着了。

在瓷砖上

这条煤灰线穿过了 321 块瓷砖。爱丽丝走过的对角线在一开始进入一块瓷砖，接下去每当它穿过一条横线或纵线时进入一块新瓷砖。但是，当煤灰线穿过一块瓷砖的一个角时，它虽然穿过了两条线，但只进入一块新瓷砖。这些角是与整个地板成正比的那些长方形的角，而这样的长方形的对角线都位于整个地板的主对角线上。这些长方形的数量等于 231 和 93 的最大公因数，也就是 3。整个地板也是这样一个长方形，因为这条对角线在到达其末端时不会再进入新的瓷砖。因此，煤灰线穿过的总瓷砖数为 231+93−3=321（块）。

进化的死胡同

20%。为了得出解答，我们假设有 100 只面包奶油蝶。由于面包奶油蝶的数量是其他昆虫数量的 25%，因此就会有 400 只不是面包奶油蝶的昆虫。因此，昆虫的总数就是 100+400=500，于是面包奶油蝶就占 $\frac{100}{500}$，即 $\frac{1}{5}$，也就是 20%。

他杀了它

没有任何事情是理发师该做的，因为从逻辑上讲，这样的理发师是不可能存在的。正是这一悖论导致了炸脖龙的崩溃。这里的关键句子是“想象有一位理发师”，炸脖龙因为无法想象出这样一位理发师而毙命。

拿着一手牌的海象

海象和木匠玩了 12 手纸牌游戏。比如说，木匠先赢了 3 手，因此赢了 3 便士。然后，海象赢回了 3 手，因此赢回了 3 便士。最后，木匠又赢了 6 手，总共赢了 6 便士。相反情况也成立。

纯属偶然

第一张牌有四分之一的概率回到他原来的角落，第二张牌有三分之一的概率，第三张牌有二分之一的概率，最后一张牌有一分之一的概率。因此，这个总概率就是$\frac{1}{4}\times\frac{1}{3}\times\frac{1}{2}\times\frac{1}{1}=\frac{1}{24}$。

塔姆塔姆树的麻烦

王后拥有这棵树 198 天了。假设刚买来时它的高度是 1 米，那么在第一天结束时，它就会有 $1\frac{1}{2}$米高。第二天，它长高 $1\frac{1}{2}$米的三分之一（即$\frac{1}{2}$米），达到 2 米高。接下去一天，它长高 2 米的四分之一（也是$\frac{1}{2}$米）。这意味着它每天都会长高$\frac{1}{2}$米。第 198 天结束时，它一共长高 99 米，这正好就是第一天的 100 倍高。

汤洒了

大锅的价格是 44.5 英镑，长柄勺的价格是 0.5 英镑。

所以你疯了

爱丽丝想到的数比较大的概率是 $\frac{19}{40}$。他们想到的两个数相同的概率是 $\frac{1}{20}$，这就意味着这两个数不同的概率是 $\frac{19}{20}$。如果它们不同，那么爱丽丝的数较大或较小的概率是均等的，因此要求的概率是 $\frac{19}{20}$ 的一半，也就是 $\frac{19}{40}$。

然而，结果是爱丽丝和柴郡猫想到了完全相同的数。柴郡猫也把这个结果作为了证据：“你瞧，因为我疯了，所以如果你不疯的话，你就不会和我想到一起去。”这一逻辑很难反驳。

猴子谜题

不管猴子怎么爬，重物和猴子总是保持在同一水平线上。

爱丽丝发现了什么

这个谜题的解答是有悖直觉的。乍一看，在爱丽丝取出第一枚白兵之后，袋子里的状态与放入一枚白兵之前是一样的，于是再次抽出白兵的概率为 $\frac{1}{2}$ 。不过，这是错误的。

爱丽丝将一枚白兵放入袋子，搅乱后又抽出一枚白兵，有 3 种可能情况：

1. 袋子里原来有一枚白兵，爱丽丝抽出了这枚白兵。

2. 袋子里原来有一枚红兵，爱丽丝抽出了她放进去的那枚白兵。

3. 袋子里原来有一枚白兵，爱丽丝抽出了她放进去的那枚白兵。

在这 3 种可能性相同的结果中，有 2 种是有一枚白兵留在袋子里，因此爱丽丝再次抽出一枚白兵的概率是 $\frac{2}{3}$ 。

黑线鳕的眼睛

黑线鳕跳起来时，离爱丽丝有划 16 次桨的距离。

法律的漏洞

当红桃 J 从帽子里抽出一张纸片时，他必须立即把它吞下去。当法庭查看剩下的那张纸片时，他们将不得不理所当然地认为，他抽出的是那张赦免他的纸片。

馅饼的规则

王后是对的。如果这台机器真的每隔 1 分钟制作 1 个馅饼，那么它应该用 59 分钟制作出 60 个馅饼：时间从第一个馅饼出来算起，这样在第一分钟末就会出第二个馅饼，在第二分钟末就会出第三个馅饼，以此类推。

奶酪过桥费

当老鼠遇到暴怒者时，他有 7 块奶酪。当他第一次过桥时，奶酪数量翻了一倍，变成了 14 块，在他支付了暴怒者 8 块后变成了 6 块；然后他又过了一次桥，奶酪数量翻倍变成了 12 块，在他又给了暴怒者 8 块后变成了 4 块；当他第三次过桥时，奶酪数量翻倍变成了 8 块。于是在他支付了应付的报酬以后，自己就一无所有了。

喝哪个？

哪个都不行。倒来倒去都各舀了 4 勺，所以两种混合药剂的量是完全相同的。增大药剂加入缩小药剂中的量与缩小药剂加入增大药剂中的量一样多，否则两锅液体的量就会不同。

王后的困境

下图是一种解答。

王后的花园

88 × 88.5 码。以码为单位的小路长度就等于花园的面积。虽然长和宽不相等，但取 7788 的平方根（88.249…）就可以得到介于两者之间的估计值。因为我们知道它们的差值是 0.5 码，所以可以确定 88 和 88.5 是正确的值。

古怪的礼仪

宴会上共使用了 215 件餐具。勺子使用者的比例其实并不重要。剩下的那些客人中，一半用刀和叉，另一半用手，因此平均每位客人使用一件餐具。

法律不讲情面，也不戴帽子

哈达和其他囚犯商定，不管是谁排在队伍的最后，如果他看到奇数顶白帽子，就说“白色”，如果看到偶数顶白帽子，就说“红色”。虽然那个囚犯无法提高或降低自己获释的机会，但可以帮助其他人。

假设第十个囚犯说“白色”。如果第九个囚犯看到他前面有奇数顶白帽子，那么他就会知道自己的帽子一定是红色的，否则第十个囚犯就会看到偶数顶白帽子；如果第九个囚犯看到前面有偶数顶白帽子，那么他就会知道自己的帽子一定是白色的，否则第十个囚犯就会看到偶数顶白帽子。每一个相继的囚犯都需要通过逻辑推理来判断出自己的帽子是什么颜色的。

当有囚犯第一次说出“白色”时，就意味着从说话者的视角可以看到奇数顶白帽子。当下一个囚犯说“白色”时，则必定意味着从这个说话者的视角可以看到偶数顶白帽子。所以，每次有人说“白色”，其含义都会改变。只要知道了这一点，每个囚犯根据他听到身后的囚犯们说了几次“白色”，以及他能看到的前面有多少顶白帽子，就能推断出自己的帽子是什么颜色。这个计划能保证 9 个囚犯被释放，而排在最后的那个囚犯有 50% 的机会被释放。

分面包

最公平的解决办法是：给带了 5 个面包的那个人 7 枚金币，给另一个人 1 枚金币。得出这一结果的一种计算方法是，想象把每个面包都分成 3 份，这样总共就有 24 个 $\frac{1}{3}$。如果每个人都吃了每个面包的 $\frac{1}{3}$，那么每个人就吃了 $\frac{8}{3}$ 个面包。带了 5 个面包的那个人提供了 $\frac{15}{3}$，所以如果他自己吃掉了 $\frac{8}{3}$，那么他就给了骑士 $\frac{7}{3}$。带了 3 个面包的那个人提供了 $\frac{9}{3}$，所以他只给了骑士 $\frac{1}{3}$。因此，合理的分配方式是：带了 5 个面包的人得到 7 枚金币，而另一个人只得到 1 枚金币。

猫回来了

这个人在看他儿子的肖像画。

取水骑士

为了得到 4 加仑水，红骑士需要采取以下步骤：

1. 在 5 加仑容器中装满 5 加仑水。

2. 将此容器中的水倒入 3 加仑容器中，于是在 5 加仑容器中还留下 2 加仑水。

3. 倒空 3 加仑容器。

4. 将 5 加仑容器中的 2 加仑水倒入 3 加仑容器中。

5. 再次给 5 加仑容器装满水。

6. 用 5 加仑容器中的水装满 3 加仑容器，这样 5 加仑容器中就恰好剩下 4 加仑水了。

7. 休息一下，想想自己的人生选择。

不受关注的捕牡蛎者

木匠吃掉的牡蛎最多，接下去依次是准男爵、蝴蝶和海象。

列队行进

概率为 2%。如果任何两个队列成员之一必定是一张纸牌，那就意味着只有 1 个仆人，其余全都是纸牌。因此，爱丽丝与 1 个仆人对视的概率是 $\frac{1}{50}$，也就是 2%。

公平竞争

不会有任何握手，因为任意两名选手总是一个比另一个高（或与另一个一样高）。

邮购的谜题

大约移动 44 英寸。在滚轴转过一整圈的过程中，板条箱向前移动的距离是滚轴周长的两倍。滚轴的周长是 7π 英寸，因此前进距离是 14π 英寸。无论添加多少根滚轴，这个数值都保持不变。

蛋头先生的储备金

蛋头先生进入商店时有 99 英镑 98 便士（离开时有 49 英镑 99 便士）。

最后的努力

哈达应该得到蛋糕的三分之一，黑格应该得到三分之二。举例来说，如果黑格可以在 2 个小时内挖完全部的土，在 4 个小时内将土全部铲出去，那么哈达可以在 4 个小时内挖完全部的土，在 8 个小时内将土全部铲出去。这就保证了他们的挖土时间之比 2∶4 与他们将土铲出去的时间之比 4∶8 为相同比率。因此，哈达应得三分之一，黑格应得他的两倍。

饱餐面包

厨师至少要做 455 个面包卷。包括公爵夫人、王后和其他客人在内，参加晚餐的可能有 5 个人、7 个人或者 13 个人，这 3 个数的最小公倍数是 455。这意味着每位客人可能会分到 91 个、65 个或 35 个面包卷，这可能有点过分了。事实上，当王后意识到她要吃多少个面包卷时，几乎肯定会把公爵夫人再次送回监狱。

疑神疑鬼的国王

国王把王冠放在盒子里，用一把锁把它锁起来。白骑士收到盒子后，加上他自己的锁，然后将盒子送回。国王打开他的锁，并把盒子送回白骑士那里，而白骑士就可以打开他自己的锁了。

奶油饼干

盘子里最少装有 2179 块饼干。解答这道题的最佳方法是首先处理前两个房间，由此我们得出 34（或 34 加上 143 或 143 的任意倍数）可以满足 11 位客人和 13 位客人的两种情况。然后，你必须在满足这一形式的数中找到满足 17 位客人情况的最小的数。

骆驼困境

苦行僧把他自己的骆驼给了孩子们。这就意味着此时总共有 18 头骆驼。最大的孩子分配到了 8 头骆驼（18 头的 $\frac{4}{9}$），第二个孩子分配到了 6 头骆驼（18 头的 $\frac{1}{3}$），最小的孩子分配到了 3 头骆驼（18 头的 $\frac{1}{6}$）。这时，他们发现还剩下 1 头骆驼，于是他们把这头骆驼还给了苦行僧。

我还站着

有 56 名步兵还站着，有 40 名骑兵还骑在马上。

由给出的信息可得：

站着的步兵 −16 = 骑在马上的骑兵 （1）

7 × 站着的步兵 −32 = 9 × 骑在马上的骑兵　　　（2）

因此，如果你将式（1）乘以 9，就会得到：

9 × 站着的步兵 −144 = 9 × 骑在马上的骑兵　　　（3）

然后，如果你用式（3）减去式（2），就会得到：

2 × 站着的步兵 −112 = 0

这就意味着站着的步兵 = 56，骑在马上的骑兵 = 40。

夏季的傍晚，很久以前

这位年迈的老人的年纪是60岁(当然，这个年龄并不算太老，但也许是因为他日常的饮食特别差）。如果他的年龄用 x 岁表示，那么这位老人的陈述可以用下列方程表示：

$$\frac{x}{4}+\frac{x}{5}+\frac{x}{3}=x-13$$

而这个方程可以这样来解：

$$15x+12x+20x=60x-(60\times 13)$$

$$x=60$$

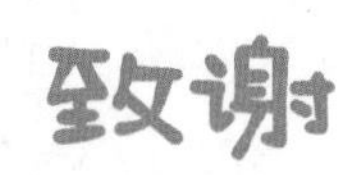

致谢

出版商感谢下列机构允许本书使用它们的图片：

Alamy/© PARIS PIERCE

Dover Publications，Inc.

iStockphoto.com

Shutterstock.com

卡尔顿图书有限公司（Carlton Book Limited）已尽一切努力正确地确认并联系每张图片的来源和/或版权所有者，并对任何无意的差错或遗漏表示歉意，这些差错或遗漏将在本书以后的版本中得到更正。

Alice in Puzzleland:

Fall down, down, down through the keyhole where a wonderland of puzzles and riddles awaits

by

Jason Ward & Richard Wolfrik Galland

责任编辑 卢源
装帧设计 杨静

数学思维训练营

爱丽丝漫游谜境记

[美]贾森・沃德 [美]理查德・沃尔夫里克・加兰 著
涂泓 译
冯承天 译校

出版发行 上海科技教育出版社有限公司
（上海市闵行区号景路159弄A座8楼 邮政编码201101）
网 址 www.sste.com www.ewen.co
经 销 各地新华书店
印 刷 上海盛通时代印刷有限公司
开 本 720×1000 1/16
印 张 12.5
版 次 2024年1月第1版
印 次 2024年1月第1次印刷
书 号 ISBN 978-7-5428-7987-5/O・1188
图 字 09-2021-1005
定 价 78.00元